Zur Einführung.

Die Werkstattbücher behandeln das Gesamtgebiet der Werkstattstechnik in kurzen selbständigen Einzeldarstellungen; anerkannte Fachleute und tüchtige Praktiker bieten hier das Beste aus ihrem Arbeitsfeld, um ihre Fachgenossen schnell und gründlich in die Betriebspraxis einzuführen.

Die Werkstattbücher stehen wissenschaftlich und betriebstechnisch auf der Höhe, sind dabei aber im besten Sinne gemeinverständlich, so daß alle im Betrieb und auch im Büro Tätigen, vom vorwärtsstrebenden Facharbeiter bis zum leitenden Ingenieur, Nutzen aus ihnen ziehen können.

Indem die Sammlung so den einzelnen zu fördern sucht, wird sie dem Betrieb als Ganzem nutzen und damit auch der deutschen technischen Arbeit im Wettbewerb der Völker.

Bisher sind erschienen:

Heft 1: **Gewindeschneiden.** Zweite, vermehrte und verbesserte Auflage. Von Oberingenieur O. M. Müller.

Heft 2: **Meßtechnik.** Dritte, verbesserte Auflage. (15.—21. Tausend.) Von Professor Dr. techn. M. Kurrein.

Heft 3: **Das Anreißen in Maschinenbauwerkstätten.** Zweite, völlig neubearbeitete Auflage. (13.—18. Tausend.) Von Ing. Fr. Klautke.

Heft 4: **Wechselräderberechnung für Drehbänke.** (7.—12. Tausend.) Von Betriebsdirektor G. Knappe.

Heft 5: **Das Schleifen der Metalle.** Zweite, verbesserte Auflage. Von Dr.-Ing. B. Buxbaum.

Heft 6: **Teilkopfarbeiten.** (7.—12. Tausend.) Von Dr.-Ing. W. Pockrandt.

Heft 7: **Härten und Vergüten.** 1. Teil: **Stahl und sein Verhalten.** Dritte, verbess. u. vermehrte Aufl. (18.–24. Tsd.) Von Dr.-Ing. Eugen Simon.

Heft 8: **Härten und Vergüten.** 2. Teil: **Praxis der Warmbehandlung.** Dritte, verbess. u. vermehrte Aufl. (18.–24. Tsd.) Von Dr.-Ing. Eugen Simon.

Heft 9: **Rezepte für die Werkstatt.** 2. verbess. Aufl. (11.-16. Tsd.) Von Dr. Fritz Spitzer.

Heft 10: **Kupolofenbetrieb.** 2. verbess. Aufl. Von Gießereidirektor C. Irresberger.

Heft 11: **Freiformschmiede.** 1. Teil: **Technologie des Schmiedens. — Rohstoffe der Schmiede.** Von Direktor P. H. Schweißguth.

Heft 12: **Freiformschmiede.** 2. Teil: **Einrichtungen und Werkzeuge der Schmiede.** Von Direktor P. H. Schweißguth.

Heft 13: **Die neueren Schweißverfahren.** Zweite, verbesserte u. vermehrte Auflage. Von Prof. Dr.-Ing. P. Schimpke.

Heft 14: **Modelltischlerei.** 1. Teil: **Allgemeines. Einfachere Modelle.** Von R. Löwer.

Heft 15: **Bohren.** Von Ing. J. Dinnebier.

Heft 16: **Reiben und Senken.** Von Ing. J. Dinnebier.

Heft 17: **Modelltischlerei.** 2. Teil: **Beispiele von Modellen und Schablonen zum Formen.** Von R. Löwer.

Heft 18: **Technische Winkelmessungen.** Von Prof. Dr. G. Berndt. Zweite, verbesserte Aufl. (5.—9. Tausend.)

Heft 19: **Das Gußeisen.** Von Ing. Joh. Mehrtens.

Heft 20: **Festigkeit und Formänderung.** I: **Die einfachen Fälle der Festigkeit.** Von Dr.-Ing. Kurt Lachmann.

Heft 21: **Einrichten von Automaten.** 1. Teil: **Die Systeme Spencer und Brown & Sharpe.** Von Ing. Karl Sachse.

Heft 22: **Die Fräser.** Von Ing. Paul Zieting.

Heft 23: **Einrichten von Automaten.** 2. Teil: **Die Automaten System Gridley (Einspindel) u. Cleveland u. die Offenbacher Automaten.** Von Ph. Kelle, E. Gothe, A. Kreil.

Heft 24: **Stahl- und Temperguß.** Von Prof. Dr. techn. Erdmann Kothny.

Heft 25: **Die Ziehtechnik in der Blechbearbeitung.** Von Dr.-Ing. Walter Sellin.

Heft 26: **Räumen.** Von Ing. Leonhard Knoll.

Heft 27: **Einrichten von Automaten.** 3. Teil: **Die Mehrspindel-Automaten.** Von E. Gothe, Ph. Kelle, A. Kreil.

Heft 28: **Das Löten.** Von Dr. W. Burstyn.

Heft 29: **Kugel- und Rollenlager (Wälzlager).** Von Hans Behr.

Heft 30: **Gesunder Guß.** Von Prof. Dr. techn. Erdmann Kothny.

Heft 31: **Gesenkschmiede. 1. Teil: Arbeitsweise und Konstruktion der Gesenke.** Von Ph. Schweißguth.

Heft 32: **Die Brennstoffe.** Von Prof. Dr. techn. Erdmann Kothny.

Heft 33: **Der Vorrichtungsbau.** I: **Einteilung, Einzelheiten u. konstruktive Grundsätze.** Von Fritz Grünhagen.

Heft 34: **Werkstoffprüfung (Metalle).** Von Prof. Dr.-Ing. P. Riebensahm und Dr.-Ing. L. Traeger.

Fortsetzung des Verzeichnisses der bisher erschienenen sowie Aufstellung der in Vorbereitung befindlichen Hefte siehe 3. Umschlagseite.

Jedes Heft 48—64 Seiten stark, mit zahlreichen Textabbildungen.

WERKSTATTBÜCHER
FÜR BETRIEBSBEAMTE, VOR- UND FACHARBEITER
HERAUSGEGEBEN VON DR.-ING. EUGEN SIMON, BERLIN
HEFT 20

Festigkeit und Formänderung

Von

Dr.-Ing. Kurt Lachmann

I

Die einfachen Fälle der Festigkeit

Zweite, völlig neubearbeitete Auflage des zuerst von
Dipl.-Ing. H. Winkel † bearbeiteten Heftes

(6. bis 11. Tausend)

Mit 85 Abbildungen im Text

Springer-Verlag Berlin Heidelberg GmbH 1932

ISBN 978-3-662-37275-3 ISBN978-3-662-38004-8 (eBook)
DOI 10.1007/978-3-662-38004-8

Inhaltsverzeichnis.

I. Grundlegende Betrachtungen.

A. Festigkeit und Formänderung.

Jeder Maschinenteil ist so stark zu bemessen, daß er durch die auf ihn wirkenden Kräfte nicht zerstört wird. Die Träger müssen halten, wenn der Eisenbahnzug über die Brücke fährt, der Kran darf nicht brechen, wenn die Last angehängt wird.

Wenn irgendwelche Kräfte — die äußeren Kräfte — einen Maschinenteil beanspruchen, so rufen sie im Innern des Körpers Gegenkräfte hervor, die inneren Kräfte. Die inneren Kräfte führen mit den äußeren Kräften einen Gleichgewichtszustand herbei; sie wachsen daher mit der Belastung.

Die Erfahrung lehrt, daß jeder Baustoff zum Bruch gebracht werden kann, wenn die angreifenden äußeren Kräfte genügend groß sind. Das kann dadurch erklärt werden, daß die inneren Kräfte nur bis zu einem Betrag anwachsen können, der als Festigkeit des Stoffes bezeichnet wird. Wird die Belastung noch weiter gesteigert, so ist kein Gleichgewicht zwischen äußeren und inneren Kräften möglich, und es tritt daher eine Zerstörung des Stoffzusammenhanges ein. Unsere erste Aufgabe besteht daher darin, den Maschinenteil so stark zu bemessen, daß die Festigkeit des Werkstoffes ausreicht, um ihn vor der Zerstörung zu schützen.

Demgemäß wäre es verständlich, wenn der Maschinenteil so bemessen würde, daß erst bei einer Überlast, die im praktischen Betrieb bestimmt nicht erreicht wird, die Festigkeit des Baustoffes erschöpft wäre. Käme z. B. auf eine Kolbenstange eine höchste Kraft von 10000 kg, so könnte man vermuten, daß es genüge, die Kolbenstange so zu bemessen, daß sie erst bei einer Kraft von 12000 kg bricht. Die nachstehenden Betrachtungen ergeben aber, daß dies nicht der Fall ist und daß die Kolbenstange weit stärker ausgeführt werden muß.

Wird ein Metallmaßstab gebogen und wieder entlastet, so wird er seine ursprüngliche gerade Gestalt wieder annehmen. Solche Formänderungen — Änderungen der Gestalt des Körpers infolge der angreifenden Kräfte —, die wieder verschwinden, wenn die äußeren Kräfte zu wirken aufhören, heißen elastisch. Im Gegensatz hierzu stehen die bleibenden Formänderungen, bei denen der Körper nach der Entlastung eine von der ursprünglichen Gestalt verschiedene Form annimmt. Als Beispiel hierfür diene ein Kupferdraht, der krumm gebogen wird.

Genaue Messungen ergeben, daß bei allen Beanspruchungen die Formänderungen zunächst, d. h. wenn die angreifenden Kräfte genügend klein sind, elastisch sind, und daß erst oberhalb einer Belastungsgrenze, der Elastizitätsgrenze, bleibende Formänderungen auftreten. Bis zur Elastizitätsgrenze sind die Formänderungen also rein elastisch, verschwinden daher nach der Entlastung; oberhalb der Elastizitätsgrenze sind sie, wenigstens teilweise, bleibend. Sie gehen zwar etwas zurück — der elastische Anteil verschwindet — aber die ursprüngliche Gestalt des Körpers wird nicht wieder erreicht. Als Beispiel hierfür diene ein Gummiband, das nach der Belastung länger ist als vorher.

Da nun auf jeden Fall größere bleibende Formänderungen vermieden werden müssen, so besteht unsere zweite Aufgabe darin, die Maschinenteile so zu bemessen, daß die Beanspruchungen nicht allzuweit oberhalb der Elastizitätsgrenze liegen.

In manchen Fällen dürfen die Beanspruchungen bei weitem nicht die Elastizitätsgrenze erreichen. Der Bügel einer Schraublehre (Mikrometerschraube) muß z. B. so stark sein, daß die Vergrößerung der Bügelöffnung unter dem Meßdruck unterhalb der Genauigkeitsgrenzen der Messung liegt (etwa 0,002 mm).

Das Spiel zwischen Anker und Gehäuse eines Elektromotors beträgt nur 1—3 mm. Selbstverständlich darf sich die Welle des Elektromotors infolge des Ankergewichtes nur um Bruchteile eines Millimeters durchbiegen, wobei die Beanspruchung weit unterhalb der Elastizitätsgrenze liegen kann.

Schließlich kann eine Kolbenstange, die sich zu stark elastisch dehnt, den Kolben zerstören.

In allen diesen Fällen ist die Formänderung nötigenfalls zu berechnen und zu prüfen, ob sie zulässig ist.

In anderen Fällen kommen in der Werkstatt erhebliche elastische Formänderungen vor, mit mehr oder weniger unangenehmen Folgen:

Beim Fräsen biegt sich der Fräser mit dem Dorn ab, um so mehr, je länger der Dorn ist. Bleibt der Fräser in der Endstellung dann längere Zeit auf der Arbeitsfläche, so federt er allmählich wieder vor und fräst dabei tiefer als an den anderen Stellen. Diesem Vorgang entspricht beim Drehen, Hobeln, Stoßen und Schleifen das sog. „Nachschneiden“: unter dem Schnittdruck federt das Werkzeug gegenüber dem Werkstück zurück, so daß das Werkzeug, wenn es in derselben Stellung nochmals über die Arbeitsfläche geht, wieder etwas schneidet.

Sind Arbeitsstücke sehr dünnwandig oder bei großer Länge nur an den Enden eingespannt (lange Welle zwischen Spitzen auf der Drehbank), so kann die Ausbiegung so stark werden, daß die Arbeitsfläche eine erheblich veränderte Form bekommt oder das Arbeitsstück aus der Spannung gerissen wird.

Andererseits wirkt der Schnittdruck entsprechend auf die Maschine. Die Arbeitspindeln der Drehbänke, Fräsmaschinen usw. verbiegen sich unter dem Druck und erhöhen so die Schiefstellung infolge des Spieles zwischen Zapfen und Lagerschale. Infolgedessen liegen die Lagerzapfen nicht mehr in ihrer ganzen Länge an den Lagerschalen an, sondern drücken fast nur in der Nähe der vorderen Kante der Schale (Kantenpressung), wodurch die Lagerschale leicht zerstört wird.

Weiter biegen sich die Maschinenbetten, besonders bei Drehbänken und Senkrechtbohrmaschinen, oft erheblich durch und üben dadurch einen ungünstigen Einfluß auf die Arbeit aus.

B. Arten der Festigkeit.

1. Zug. Ein Stab wird auf Zug beansprucht, wenn er an dem einen Ende fest eingespannt ist und an dem anderen Ende eine Kraft P in der Stabachse wirkt, die den Körper zu verlängern und zu zerreißen sucht. Wird die Einspannung durch eine gleichgroße Kraft P ersetzt, so entsteht dieselbe Beanspruchung auf Zug (Abb. 1).

2. Druck. Der Stab wird durch zwei gleichgroße, entgegengesetzt wirkende Kräfte P beansprucht, die in Richtung der Stabachse wirken und ihn zusammenzudrücken suchen (Abb. 2).

3. Knickung. Ist der gedrückte Stab, Abb. 3, im Verhältnis zu seinem Querschnitt lang, so wird er unter dem Einfluß der beiden Kräfte P ausknicken.

4. Schub. Die beiden Kräfte P wirken nach Abb. 4 rechtwinklig zur Stabachse in der Ebene des betrachteten Querschnittes und haben das Bestreben, die Teile des Stabes in diesem Querschnitt gegeneinander zu verschieben (Abb. 5). Diese

Beanspruchung tritt z. B. auf, wenn ein Blech mit einer Blechschere zerschnitten oder durch Stempel und Schnittplatte ein Stück herausgeschnitten wird.

5. Biegung. Ein Stab wird auf Biegung beansprucht, wenn die Kraft P nach Abb. 6 rechtwinklig zur Stabachse wirkt und eine Krümmung dieser Achse hervorruft.

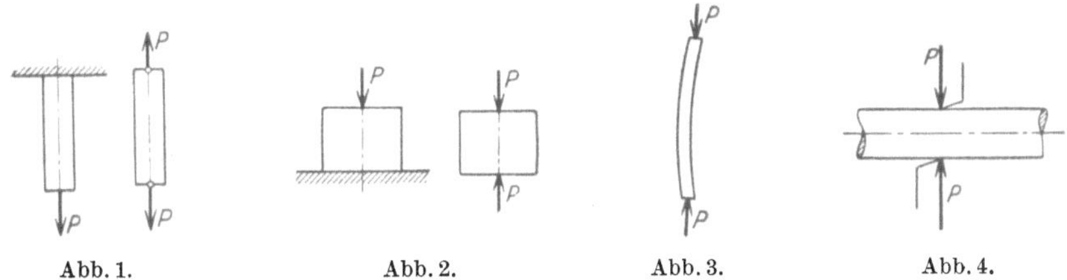

Abb. 1. Abb. 2. Abb. 3. Abb. 4.

6. Drehung. Auf den Stab wirken zwei Kräfte P nach Abb. 7 in einer Ebene rechtwinklig zur Stabachse und versuchen, die einzelnen Querschnitte des Stabes gegeneinander zu verdrehen.

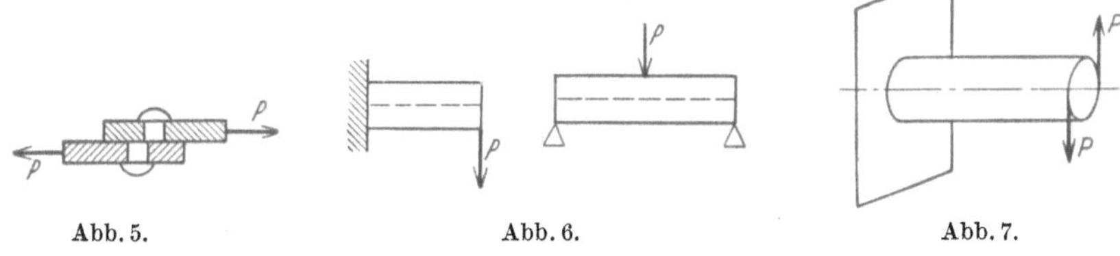

Abb. 5. Abb. 6. Abb. 7.

7. Treten mehrere der genannten Beanspruchungen gleichzeitig auf, z. B. Druck und Biegung, Biegung und Drehung, so spricht man von zusammengesetzter Festigkeit.

C. Spannung.

Ein Stab von unveränderlichem Querschnitt F ist nach Abb. 8 oben fest eingespannt und am unteren Ende durch eine Kraft P belastet, die sich gleichmäßig über den Querschnitt verteilen und so gering sein möge, daß die Festigkeit des Stoffes nicht überschritten wird. Es werde nun in der beliebigen Entfernung x vom unteren Ende ein Schnitt senkrecht zur Stabachse gelegt, durch den der untere Teil von dem oberen abgetrennt wird. Infolge der Kraft P würde sich der untere Teil in Richtung des Pfeiles bewegen; da dies nicht der Fall ist, müssen in der Schnittfläche Kräfte von dem oberen Teil auf den unteren Teil übertragen werden. Es sind dies die inneren Kräfte, die infolge der äußeren Kraft P in dem Querschnitt hervorgerufen werden; diese inneren Kräfte sind senkrecht nach oben gerichtet und halten der Kraft P das Gleichgewicht. Hat der Querschnitt die Größe F cm², so kann man ihn in F Teile von je 1 cm² Fläche zerlegen. In jedem dieser Teile wirkt dann eine Kraft, die mit σ bezeichnet wird. In der Schnittfläche wirkt dann insgesamt die Kraft $F \cdot \sigma$ nach oben. Soll nun das abgetrennte untere Stück des Körpers im Gleichgewicht sein, so müssen die nach oben und unten wirkenden Kräfte gleich groß sein. Es besteht daher die Beziehung

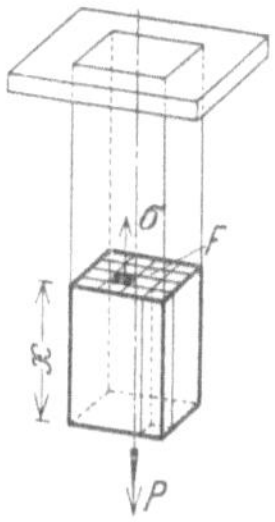

Abb. 8.

$$P = F \cdot \sigma \quad \text{oder} \quad \sigma = \frac{P}{F}.$$

Da die Kräfte in der Festigkeitslehre in Kilogramm (kg), die Flächen in Quadratzentimeter (cm²) gemessen werden, hat σ die Dimension $\frac{\text{kg}}{\text{cm}^2}$, d. h. σ ist die in jedem cm^2 des Querschnittes wirkende innere Kraft. Diese auf 1 cm^2 bezogene Kraft wird Spannung genannt. Ist z. B. die belastende Kraft $P = 2000$ kg, die Fläche F des Querschnittes gleich 4 cm^2, so ist die Spannung

$$\sigma = \frac{2000 \text{ kg}}{4 \text{ cm}^2} = 500 \frac{\text{kg}}{\text{cm}^2}.$$

Zu bemerken ist, daß für die Beanspruchung nicht die Kraft P, sondern nur das Verhältnis $P : F$ maßgebend ist. Wird ein Stab von 2 cm^2 Fläche mit 1000 kg belastet und ein Stab von 4 cm^2 Fläche mit 2000 kg, so ist in beiden Fällen die Beanspruchung des Stoffes gleich groß.

Dieselben Betrachtungen gelten nicht nur für den Stab von rechteckigem Querschnitt, sondern auch für einen Stab, dessen Querschnitt eine beliebige Gestalt hat. Im Maschinenbau ist der am häufigsten vorkommende Querschnitt der Kreis, dessen Inhalt jetzt ermittelt werden soll.

Ist d der Durchmesser des Kreises in cm, so ist nach Abb. 9 der Inhalt des umbeschriebenen Quadrates:

$$d \cdot d = d^2 = 4 \cdot \frac{d^2}{4}.$$

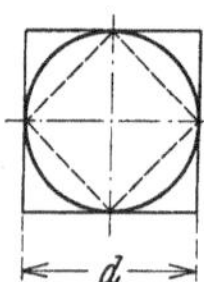

Abb. 9.

Dieser Wert ist sicher größer als der Inhalt F des Kreises. Andererseits kann das Quadrat durch Zeichnen der gestrichelten Linien in acht vollkommen gleichartige (kongruente) Dreiecke zerlegt werden; jedes von ihnen hat daher den Inhalt $\frac{d^2}{8}$, da der Inhalt des ganzen Quadrates gleich d^2 ist. Da vier dieser Dreiecke ganz im Inneren des Kreises liegen, so ist der gesuchte Inhalt F des Kreises sicher größer als $4 \cdot \frac{d^2}{8} = 2 \cdot \frac{d^2}{4}$.

Der Inhalt des Kreises wird mit Hilfe der Formel $F = \pi \cdot \frac{d^2}{4} = \frac{\pi d^2}{4}$ errechnet. Aus unseren Betrachtungen folgt, daß die Zahl π zwischen 2 und 4 liegen muß; ihr genauer Wert ist eine unendliche Dezimalzahl

$$\pi = 3{,}1415926 \ldots\ldots$$

Angenähert kann π gleich 3 gesetzt werden, so daß $F \approx$ (angenähert gleich) $\frac{3}{4} d^2$ ist.

In der nachstehenden Tabelle 1 ist zu jedem Wert d in cm der Wert $F = \frac{\pi d^2}{4}$ in cm^2 angegeben. Man überzeuge sich von der Richtigkeit der Tabelle durch einige Stichproben. Ist z. B. $d = 8$ cm, so ist $F \approx \frac{3}{4} \cdot 8^2 = \frac{3}{4} \cdot 8 \cdot 8 = 48$ cm^2. Der genaue Wert ist nach der Tabelle $F = \frac{3{,}142}{4} \cdot 8 \cdot 8 = 3{,}142 \cdot 16 = 50{,}27$ cm^2, wobei zu bemerken ist, daß das Ergebnis wie die Tafelwerte auf vier Stellen abgerundet worden ist.

Wir können jetzt auch die Spannung berechnen, die in einem Stabe von kreisförmigem Querschnitt herrscht. Ist die Last $P = 1850$ kg und hat der Stab einen Durchmesser $d = 16$ mm, so ist mit $F = 2{,}011$ cm^2 (entsprechend $d = 1{,}6$ cm!):

$$\sigma = \frac{1850}{2{,}011} = 921 \frac{\text{kg}}{\text{cm}^2}.$$

Man beachte, daß die Kräfte stets in Kilogramm, die Längen in Zentimeter, die Flächen in Quadratzentimeter eingesetzt werden müssen.

D. Dehnung.

Wird in dem Stab infolge der Kraft P eine bestimmte Spannung σ hervorgerufen, so entspricht diesem Wert nicht eine bestimmte Verlängerung des Stabes. Da der Wert x in Abb. 8 beliebig war, so wird die gleichbleibende Spannung σ von Querschnitt zu Querschnitt übertragen. Hierdurch wird der Stab länger

Tabelle 1. Inhalt F des Kreises bei gegebenem Durchmesser d.

d in cm	F in cm²	d in cm	F in cm²	d in cm	F in cm²	d in cm	F in cm²	d in cm	F in cm²	d in cm	F in cm²
0,1	0,0079	2,1	3,464	4,1	13,20	6,1	29,22	8,1	51,53	10,1	80,12
0,2	0,0314	2,2	3,801	4,2	13,85	6,2	30,19	8,2	52,81	10,2	81,73
0,3	0,0707	2,3	4,155	4,3	14,52	6,3	31,17	8,3	54,11	10,3	83,32
0,4	0,1257	2,4	4,524	4,4	15,21	6,4	32,17	8,4	55,42	10,4	84,95
0,5	0,1964	2,5	4,909	4,5	15,90	6,5	33,18	8,5	56,75	10,5	86,59
0,6	0,2827	2,6	5,309	4,6	16,62	6,6	34,21	8,6	58,09	10,6	88,25
0,7	0,3848	2,7	5,726	4,7	17,35	6,7	35,26	8,7	59,45	10,7	89,92
0,8	0,5027	2,8	6,158	4,8	18,10	6,8	36,32	8,8	60,82	10,8	91,61
0,9	0,6362	2,9	6,606	4,9	18,86	6,9	37,39	8,9	62,21	10,9	93,31
1,0	0,7854	3,0	7,069	5,0	19,64	7,0	38,48	9,0	63,62	11,0	95,03
1,1	0,9503	3,1	7,548	5,1	20,43	7,1	39,59	9,1	65,04	11,1	96,77
1,2	1,131	3,2	8,042	5,2	21,24	7,2	40,72	9,2	66,48	11,2	98,52
1,3	1,327	3,3	8,553	5,3	22,06	7,3	41,85	9,3	67,93	11,3	100,3
1,4	1,539	3,4	9,079	5,4	22,90	7,4	43,01	9,4	69,40	11,4	102,1
1,5	1,767	3,5	9,621	5,5	23,76	7,5	44,18	9,5	70,88	11,5	103,9
1,6	2,011	3,6	10,18	5,6	24,63	7,6	45,36	9,6	72,38	11,6	105,7
1,7	2,270	3,7	10,75	5,7	25,52	7,7	46,57	9,7	73,90	11,7	107,5
1,8	2,545	3,8	11,34	5,8	26,42	7,8	47,78	9,8	75,43	11,8	109,4
1,9	2,836	3,9	11,95	5,9	27,34	7,9	49,02	9,9	76,98	12,9	111,2
2,0	3,142	4,0	12,57	6,0	28,27	8,0	50,27	10,0	78,54	12,0	113,1

Die Tabelle geht bis $d = 12$ cm. Ist der Inhalt eines größeren Kreises zu ermitteln, z. B. für $d = 18$ cm, so suche man den Wert F für $d = 1{,}8$ cm und multipliziere ihn mit 100:für $d = 18$ cm ist daher $F = 100 . 2{,}545 = 254{,}5$ cm². Ausführlichere Tabellen finden sich in jedem Taschenbuch.

und es wird sich diese Verlängerung gleichmäßig über die ganze Stablänge verteilen. Hat man zwei Stäbe von gleichem Querschnitt, wobei der zweite Stab doppelt so lang ist wie der erste, so wird die Verlängerung des zweiten Stabes doppelt so groß sein wie die des ersten Stabes, wenn an beide Stäbe dieselbe Last P gehängt wird, während die Spannung in beiden Stäben gleich groß ist (Abb. 10).

Es ist nun wünschenswert, die Verlängerungen in derselben Weise zu „normen“ wie die Kräfte durch den Begriff der Spannungen. Zu diesem Zweck werden an den unbelasteten Stäben der Abb. 10 zwei Marken angebracht, die den Abstand 1 cm haben. Wirkt nun die Kraft P, so wird der Abstand der Marken um einen Betrag wachsen, der Dehnung genannt und mit ε bezeichnet wird. Die Dehnung ist die Verlängerung des Abstandes zweier Querschnitte, deren ursprünglicher Abstand 1 cm ist.

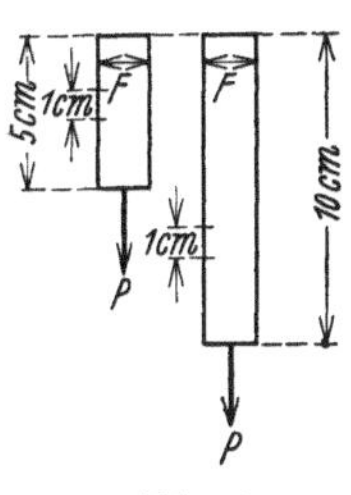

Abb. 10.

Ist l in cm die Länge, Δl in cm die Verlängerung des Stabes, so ist

$$\Delta l = \varepsilon \cdot l \quad \text{oder} \quad \varepsilon = \frac{\Delta l}{l}.$$

Die Dehnung ist daher auch gleich der gesamten Verlängerung des Stabes dividiert durch die Länge des Stabes.

Aus der Formel $\varepsilon = \frac{\Delta l}{l}$ folgt, daß die Dehnung die Dimension $\frac{\text{cm}}{\text{cm}} = 1$ hat; ε ist dimensionslos. Meist wird ε in Prozent angegeben, d. h. auf 100 Einheiten bezogen.

Ist z. B. $l = 250\,\text{cm}$, $\Delta l = 5\,\text{mm}$, so ist $\varepsilon = \frac{\Delta l}{l} = \frac{0{,}5\,\text{cm}}{250\,\text{cm}} = \frac{1}{500} = 0{,}002 = 0{,}2\,\%$ der ursprünglichen Länge.

Auf Grund der vorstehenden Ausführungen kann man sich die Begriffe Spannung und Dehnung auch folgendermaßen klar machen: Aus dem betrachteten Stab wird ein Körper herausgeschnitten, dessen Querschnitt 1 cm² und dessen Länge gleich 1 cm ist. Die auf diesen Körper entfallende Kraft heißt Spannung, die Verlängerung des Körpers Dehnung. Es gehört daher bei einem und demselben Stoff zu jeder Spannung eine ganz bestimmte Dehnung.

E. Spannungs-Dehnungslinie bei weichem Flußstahl.

Unsere Kenntnis von dem Zusammenhang zwischen Spannungen und Dehnungen verdanken wir dem Versuch, bei dem die Last allmählich gesteigert und die zugehörige Verlängerung gemessen wird. Aus Last und Verlängerung wird Spannung und Dehnung berechnet. Werden die Dehnungen in waagerechter, die Spannungen in senkrechter Richtung in ein rechtwinkliges Koordinatensystem eingetragen, so entsteht eine Reihe von Punkten, deren Verbindung die Spannungs-Dehnungslinie ergibt.

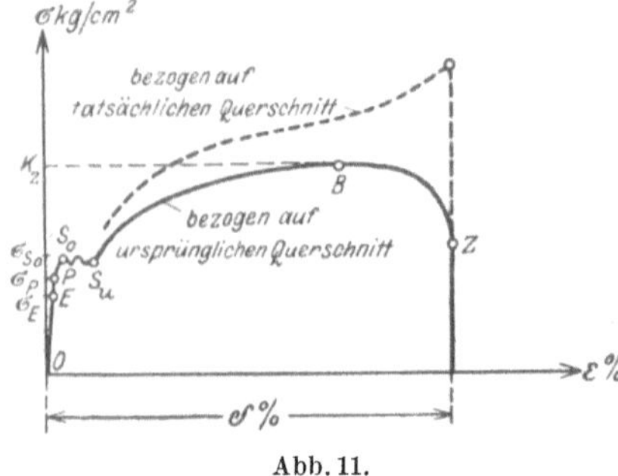

Abb. 11.

Der Verlauf dieser Kurve ist bei den einzelnen Stoffen sehr verschieden. Abb. 11 zeigt den typischen Verlauf bei weichem Flußstahl. Der Punkt E entspricht der **Elastizitätsgrenze** σ_E; ist die Spannung σ kleiner als σ_E, so nimmt der Stab nach der Entlastung nahezu seine ursprüngliche Länge wieder an (S. 3). Bis zur **Proportionalitätsgrenze** σ_P verläuft die Kurve geradlinig, die Spannungen wachsen in demselben Maße wie die Dehnungen, Spannungen und Dehnungen sind verhältnisgleich (proportional). Bei einer weiteren Laststeigerung wachsen die Dehnungen schneller als die Spannungen, so daß die Kurve von der geraden Richtung abweicht und in leichter Krümmung bis zum Punkte S_o verläuft. Bei der entsprechenden Spannung σ_{So} — obere **Fließ- oder Streckgrenze** — beginnt der Stoff zu fließen, die Dehnungen werden größer, ohne daß die Last gesteigert wird. Während des Fließens kann die Spannung sogar abnehmen; σ_{Su} heißt untere Fließgrenze. Ist der Stoff wieder in einen Gleichgewichtszustand gekommen und wird die Last noch weiter gesteigert, so tritt eine starke Verlängerung des Stabes ein. Bei B erreicht die Last den höchsten Wert. Wird diese Last durch den ursprünglichen Querschnitt des Stabes dividiert, so wird die **Zugfestigkeit** K_z des Stoffes erhalten (S. 3).

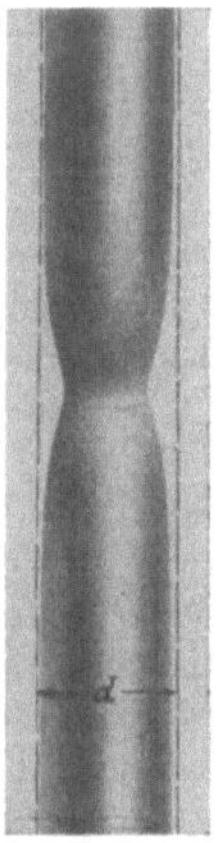

Abb. 12.

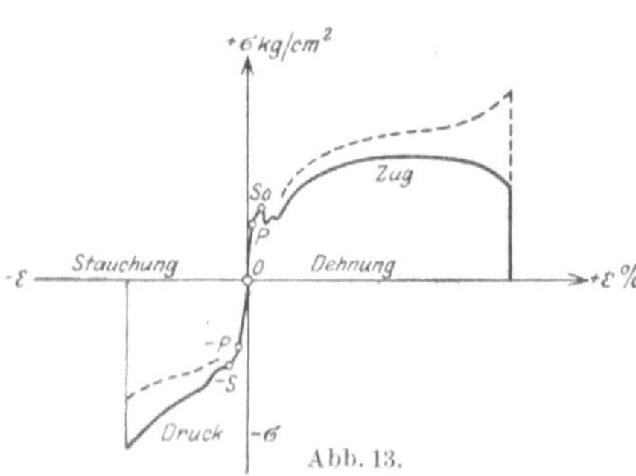

Abb. 13.

Bis etwa zu dieser Spannung hat der Querschnitt des ganzen Stabes ungefähr gleichmäßig abgenommen. Nunmehr beginnt sich der Stab nach Abb. 12 an der späteren Bruchstelle einzuschnüren. Infolgedessen nimmt die Spannung zwischen

B und Z, bezogen auf den ursprünglichen Querschnitt, ab; bezogen auf den tatsächlich vorhandenen kleinsten Querschnitt wächst sie aber. Bei Z bricht der Stab.

Der Druckversuch verläuft ähnlich wie der Zugversuch (Abb. 13). An Stelle der Verlängerung tritt die Verkürzung, an Stelle der Dehnung die Stauchung. Die Proportionalitätsgrenze wird mit σ_{-P} bezeichnet. Die Fließgrenze σ_{-S} wird auch Quetschgrenze genannt. Die Druckfestigkeit K wird wie die Zugfestigkeit K_z auf den ursprünglichen Querschnitt bezogen. Für Stahl und Eisen fallen σ_P und σ_S, σ_{-P} und σ_{-S} fast zusammen.

Über den Verlauf der Spannungsdehnungslinie bei anderen Stoffen, über den Einfluß der Temperatur, des Härtens und Anlassens von Stahl sowie über die Form der bei dem Zugversuch zu verwendenden Normalstähle vergleiche Riebensahn-Träger, Werkstoffprüfung (Metalle), Werkstattbücher H. 34.

F. Querzusammenziehung und Poissonsche Zahl.

Zu jeder Zugbeanspruchung gehört eine Abnahme des Durchmessers. Ist d der ursprüngliche, d_1 der verkleinerte Durchmesser, so wird die Verminderung $d—d_1$ wieder auf den ursprünglichen Durchmesser bezogen und als Querzusammenziehung bezeichnet; es ist $\varepsilon_q = \frac{d - d_1}{d}$.

Das Verhältnis $$\frac{\text{Dehnung}}{\text{Querzusammenziehung}} = \frac{\varepsilon}{\varepsilon_q} = \mathrm{m}$$

heißt Poissonsche Zahl. Für Stoffe, die nach allen Richtungen gleich beschaffen (isotrop) sind, liegt m zwischen 3 und 4; für Metalle wird m gewöhnlich gleich $\frac{10}{3}$ gesetzt.

G. Das Hookesche Gesetz. Dehnungszahl. Elastizitätsmaß.

Wird ein Stab von 1 cm² Fläche und 1 cm Länge mit 1 kg belastet, so dehnt er sich um einen Betrag α, der Dehnungszahl genannt wird; α ist daher die Dehnung, die der Spannung $1\,\frac{\text{kg}}{\text{cm}^2}$ entspricht. Ist nun die Spannung nicht gleich $1\,\frac{\text{kg}}{\text{cm}^2}$, sondern gleich $\sigma\,\frac{\text{kg}}{\text{cm}^2}$, wobei σ kleiner als σ_P sein soll, so wird die zugehörige Dehnung ε nach Abb. 11 σmal so groß als α. Es besteht daher die Beziehung $\varepsilon = \alpha \cdot \sigma$. Dieses Hookesche Gesetz gilt für den wichtigsten Baustoff des Maschinenbaues, den Stahl (Fluß- und Schweißstahl), angenähert auch für Messing, Bronze und Holz; es bildet die wichtigste Grundlage der Festigkeitslehre. Auf andere Stoffe, die keine Proportionalität zwischen Spannungen und Dehnungen zeigen, wie z. B. Gußeisen, Kupfer, Leder, Marmor, wird es übertragen, indem man mit einem Mittelwert von α rechnet und infolge der Unsicherheit der Rechnung die zulässigen Spannungen entsprechend niedrig wählt.

Aus $\alpha = \frac{\varepsilon}{\sigma}$ folgt, daß die Dehnungszahl die Dimension $\frac{1}{\text{kg/cm}^2} = \frac{\text{cm}^2}{\text{kg}}$ hat.

Da α eine sehr kleine Zahl ist, z. B. für Flußstahl im Mittel gleich $\frac{1}{2\,150\,000}\,\frac{\text{cm}^2}{\text{kg}}$, so hat man den umgekehrten (reziproken) Wert $E = \frac{1}{\alpha}$, gemessen in $\frac{\text{kg}}{\text{cm}^2}$ eingeführt und als Elastizitätsmaß (Elastizitätsmodul) bezeichnet. Demnach ist für Flußstahl im Mittel $E = 2150000\,\frac{\text{kg}}{\text{cm}^2}$. Aus $\varepsilon = \alpha \cdot \sigma$ und $\alpha = \frac{1}{E}$ folgt $\varepsilon = \frac{1}{E} \cdot \sigma$ oder $\sigma = E \cdot \varepsilon$ als zweite Form des Hookeschen Gesetzes.

Beispiel. Wie groß ist das Elastizitätsmaß eines Stabes von 2 cm Durchmesser und 50 cm Länge, der bei einer Last von $P = 3000$ kg um 0,0222 cm länger wird?

Es ist $\sigma = \frac{P}{F} = \frac{3000}{3{,}142} = 955 \frac{\text{kg}}{\text{cm}^2}$, $\varepsilon = \frac{\Delta l}{l} = \frac{0{,}0222}{50} = 0{,}000444$;

mithin: $E = \frac{\sigma}{\varepsilon} = \frac{955}{0{,}000444} = 2150000 \frac{\text{kg}}{\text{cm}^2}$.

H. Die verschiedenen Belastungsfälle.

Diejenige Spannung, bis zu der ein Baustoff im Betrieb beansprucht werden darf, heißt zulässige Spannung. Es war früher üblich, die zulässige Spannung (k_z bei Zug, k bei Druck, k_d bei Drehung, k_s bei Schub) auf die Bruchfestigkeit (K_z bei Zug, K bei Druck, K_d bei Drehung, K_s bei Schub) zu beziehen und den Quotienten $\frac{K}{k}$ als Sicherheit $\mathfrak{S}$ zu bezeichnen. War z. B. bei einem Stahl mit $K_z = 4000$ kg/cm² $k_z = 500$ kg/cm² vorgeschrieben, so konstruierte man mit $\mathfrak{S} = \frac{4000}{500} = 8$ facher Sicherheit.

Von dieser Ermittlung der Sicherheit kommt man immer mehr ab, da die hohen Werte von $\mathfrak{S}$ in den meisten Fällen weder erforderlich noch vorhanden sind. Es hat sich nämlich herausgestellt, daß bei Dauerbeanspruchung, die im Maschinenbau fast immer vorliegt, eine Zerstörung des Baustoffs bei einer Spannung eintritt, die bedeutend kleiner als die bei dem Zerreißversuch ermittelte Bruchfestigkeit ist. Man unterscheidet hierbei folgende drei Belastungsfälle:

1. Ruhende Belastung. Dauerstandfestigkeit. Die Belastung wirkt dauernd in gleicher Größe (Belastungsfall I nach Bach: ruhende Belastung). Die größte Spannung, die auf den Körper wirken kann, ohne daß ein Bruch des Stoffes eintritt, heißt Dauerstandfestigkeit (Tragfestigkeit). Die Dauerstandfestigkeit ist kleiner als die Zugfestigkeit. Das liegt daran, daß die einem bestimmten Belastungsfall entsprechende Formänderung zu ihrer Ausbildung Zeit beansprucht. Als Beispiel sei an die elastische Nachwirkung von Lederriemen erinnert, die bei gleichbleibender Beanspruchung noch nach Jahren Längenänderungen erfahren. Wird dem Körper zur Formänderung nicht die genügende Zeit gegeben, wie bei dem Zerreißversuch, der in kurzer Zeit durchgeführt wird, so tritt eine Erhöhung der Bruchfestigkeit ein.

Bei gewöhnlicher Temperatur unterscheiden sich Bruchfestigkeit und Dauerstandfestigkeit für Stahl nur wenig voneinander, bei erhöhter Temperatur ist die Dauerstandfestigkeit bedeutend kleiner, kann sogar unterhalb der Streckgrenze liegen.

2. Schwellende Belastung. Ursprungsfestigkeit. Die Belastung schwankt dauernd, sich stetig ändernd, zwischen Null und einem größten Wert (Belastungsfall II nach Bach: schwellende Belastung). Die größte Spannung, die hierbei gerade noch beliebig oft ertragen werden kann, heißt Ursprungsfestigkeit und wird mit σ_U bezeichnet.

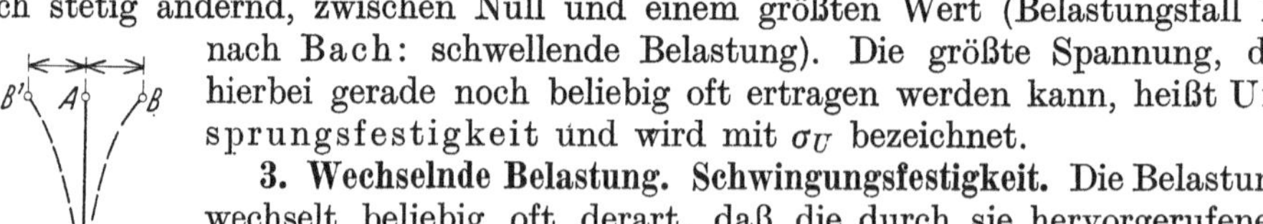

Abb. 14.

3. Wechselnde Belastung. Schwingungsfestigkeit. Die Belastung wechselt beliebig oft derart, daß die durch sie hervorgerufenen Spannungen abwechselnd von Null bis zu einem größten Wert stetig wachsen, dann bis auf Null sinken, in umgekehrter Richtung bis auf einen gleichgroßen negativen Wert abnehmen und wieder auf Null zurückgehen (Belastungsfall III nach Bach: wechselnde Beanspruchung). Als Beispiel diene ein eingespannter Stab, Abb. 14, dessen freies Ende sich infolge einer Kraft von A nach B bewegt, dann von B zurück A, um dasselbe Maß AB nach links bis B' ausschlägt, um schließlich nach A in die

Ruhelage zurückzukehren. Dieser Fall liegt bei jeder auf Biegung beanspruchten, umlaufenden Welle vor, bei der alle Fasern mit Ausnahme der neutralen (S. 23) bei jeder Umdrehung gleich hoch auf Zug und Druck beansprucht werden. Die höchste Spannung, die hierbei noch beliebig oft von dem Stoff ertragen werden kann, heißt Schwingungsfestigkeit und wird mit σ_W bezeichnet.

I. Dauerversuche. Kerbwirkung.

1. Ermittlung der Schwingungsfestigkeit. Dauerbrüche. Das Ergebnis einiger Versuche zur Ermittlung der Schwingungsfestigkeit mit Hilfe auf Biegung beanspruchter umlaufender Wellen zeigt Abb. 15, in der die größte positive und negative Spannung (Anstrengung) in Abhängigkeit der Umdrehungen bis zum Bruch dargestellt wurde. ($10^3 = 10 \cdot 10 \cdot 10 = 1000$; entsprechend $10^4 = 10000$; $10^5 = 100000$; $10^6 = 1000000$; $10^7 = 10000000$; $10^8 = 100000000 = 100$ Mill.).

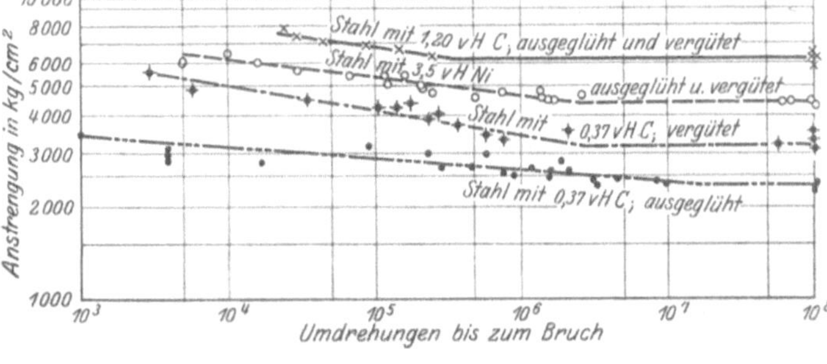

Abb. 15.

Es zeigt sich, daß bei Stahl eine praktische Änderung der Spannung bei etwa 10 Millionen Lastwechsel nicht mehr zu erwarten ist. Die Spannung, die nach 10 Millionen Umdrehungen gerade noch ertragen werden kann, wird als Schwingungsfestigkeit des Werkstoffes angesehen.

Der in der untersten Kurve dargestellte Stahl, der 0,37% C (Kohlenstoff) enthält, bricht bei einer Spannung von 2400 kg/cm² erst nach etwa 10 Millionen Umdrehungen. Eine Welle, die in der Minute 300 Umdrehungen macht, macht etwa 6,5 Millionen Umdrehungen im Monat. Würde sie entsprechend dem Versuch belastet werden, so würde nach 6 Wochen ununterbrochenen Betriebes und ohne besondere Überlastung plötzlich ein Bruch des Werkstoffes eintreten. Ebenso können Brüche, die mehrere Jahre nach Ingangsetzung einer Maschine auftreten, wenn keine anderen Gründe vorliegen, durch eine dauernd wechselnde Beanspruchung verursacht werden.

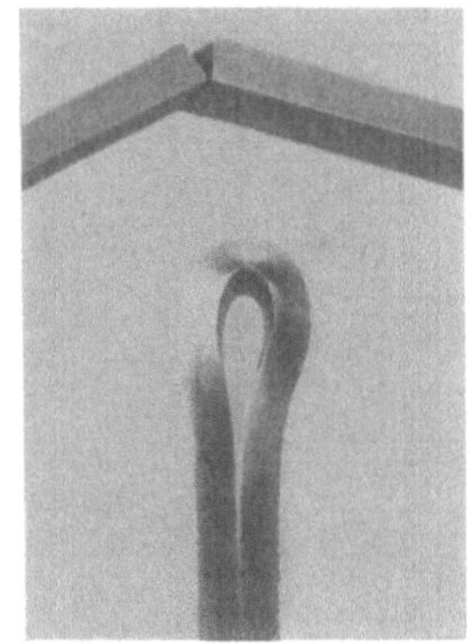

Abb. 16. Dauerbruch und Umbiegung eines Stahlstabes.

Die Frage, ob ein Dauerbruch vorliegt, kann oft aus der Art des Bruches und der Bruchfläche entschieden werden.

Ein Stahl, der bei dem gewöhnlichen Zugversuch nach bedeutender Dehnung und Querschnittsänderung bricht und beim Kaltbiegen bis zum Aufeinanderliegen der Schenkel verformt werden kann ohne zu brechen (Abb. 16 unten), zeigt beim Dauerversuch gemäß Abb. 16 oben scharfe Bruchränder und keinerlei mit bloßem Auge wahrnehmbare Einschnürung an der Bruchstelle, so daß man auf einen spröden Werkstoff schließen würde. Entsprechend brechen Zapfen im Betriebe sehr häufig an der Ansatzstelle ohne irgendwelche Verbiegung oder Querschnittsänderung glatt ab.

Kennzeichnend für den Dauerbruch ist die Bruchfläche, die häufig zwei ganz verschiedene Zonen erkennen läßt. Abb. 17 gibt die Bruchfläche einer Achse wieder, die wechselnd auf Biegung beansprucht war. Die Trennung des Baustoffs begann an den Punkten *a* und schritt allmählich nach der Mitte vor; so entstand oben und unten im Laufe der Zeit die glatte, feinkörnige Zone, bis der Restquerschnitt den Kräften des normalen Betriebes nicht mehr genügte und in der mittleren grobkörnigen Zone der Bruch eintrat.

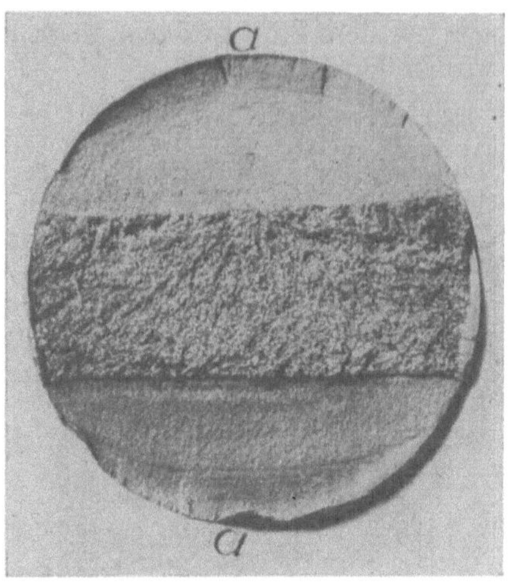

Abb. 17. Bruchfläche eines Dauerbruches.

Zahlenwerte. In der nachstehenden Tabelle 2 sind für einige Stoffe die Werte Bruchfestigkeit, Streckgrenze und Schwingungsfestigkeit nach Bock (Maschinenbau. Der Betrieb. 2. Oktober 1930) angegeben. Es ist zu bemerken, daß nach den Deutschen Industrie-Normen (DIN) alles schon ohne Nachbehandlung schmiedbare Eisen als Stahl bezeichnet wird; die Ausdrücke Flußeisen und Schweißeisen fallen fort.

Die Werte für die Schwingungsfestigkeit beziehen sich auf Biegung. Bei Zug- und Druckbeanspruchung sind sie mit 0,9 und bei Drehung mit 0,57 zu multiplizieren. Die Streckgrenze für Zug, Druck und Biegung kann der Tafel entnommen werden. Die Verdrehungs-Streckgrenze ist für Stahl etwa 0,57 mal so groß.

Stabform	138000 Belastungswechsel zwischen $-\sigma$ und $+\sigma$ wurden getragen bei
R=4,5; 20⌀; 66; 29; 450	$\sigma = 2945$ kg/cm²
R=78; r=4; 8; 20⌀; 30⌀; 66; 29; 450	$\sigma = 2320$ kg/cm²
R=78; 2; r=1; 20⌀; 30⌀; 66; 29; 450	$\sigma = 1840$ kg/cm²

Abb. 18.

Neben der zeitlichen Änderung der Belastung hängt die Festigkeit des Baustoffes von einer Reihe weiterer Einflüsse ab.

2. Die Wirkungen plötzlicher Querschnittsänderungen. Kerbwirkung. Schon 1866 hat Wöhler nachgewiesen, daß umlaufende Wellen, die scharf abgesetzt sind, unter bedeutend kleineren Lasten brechen als Wellen, die mit Hohlkehlen abgesetzt sind. Die Ursache ist darin zu suchen, daß bei allen Querschnittsänderungen eine örtliche Spannungserhöhung eintritt, die um so größer ist, je schroffer der Übergang gewählt wird. Für den Konstrukteur ergibt sich daher die Forderung, bei allen Übergängen Abrundungen anzubringen.

Auch Föppl fand bei seinen in Abb. 18 wiedergegebenen Versuchen, daß schroffe Übergänge eine bedeutende Schwächung des gebogenen Stabes bedeuten. Die Spannungen wurden dadurch ermittelt, daß die Kräfte durch den gleichbleibenden kleinsten Querschnitt von 20 mm Durchmesser, in dem auch der Bruch des Materials eintrat, geteilt wurden. Ebenso sind im folgenden

Tabelle 2. Streckgrenze, Bruchfestigkeit und Schwingungsfestigkeit einiger Werkstoffe in kg/cm².

Werkstoff	Streckgrenze	Druckfestigkeit	Schwingungs-festigkeit
Unlegierter Stahl nach DIN 1611.			
St 34 · 11	1900 bis 2300	3400 bis 4200	1700 bis 2100
St 37 · 11	2100 „ 2500	3700 „ 4500	1800 „ 2200
St 48	2900 „ 3500	4800 „ 5400	2700
St 50 · 11	2800 „ 3400	5000 „ 6000	2200 bis 2600
St 60 · 11	3400 „ 3800	6000 „ 7000	2800
St 70 · 11	3800 „ 4400	7000 „ 8000	3400
Unlegierter Vergütungsstahl nach DIN 1661.			
St C 25 · 61 ausgeglüht	2400	4200	2100
„ vergütet	2800	4700	2300
St C 35 · 61 ausgeglüht	2800	5000	2400
„ vergütet	3300	5500	2600
St C 45 · 61 ausgeglüht	3400	6000	2700
„ vergütet	3900	6500	3000
St C 60 · 61 ausgeglüht	4000	7000	3200
„ vergütet	4500	7500	3500
Chrom-Nickelstahl nach DIN 1662.			
VCN 15 w vergütet	4200 bis 4900	6500 bis 7500	3500
„ h „	5200 „ 6000	7500 „ 8500	3900
VCN 35 w „	5600 „ 6700	7500 „ 9000	4000
„ h „	6700 „ 7900	9000 „ 10500	5000
VCN 45 geglüht	> 5400	9000	4100
„ zäh geglüht	8000 bis 8800	10000 bis 11000	5300
„ hart vergütet	10000 „ 11500	11000 „ 13000	5700
Schweißstahl	2400	3400	1900
Siliziumstahl StSi	3600	5200	3100
Gekupferter Stahl	3400	5100	2400 bis 2800
Rostfreier Stahl V 2 A (weich)	2800	6700	2400
Stahlguß nach DIN 1681.			
Stg 38 · 81 geglüht	2290	3890	1700
Stg 45 · 81 „	2720	4560	2000
Stg 50 · 81 R „	3020	4920	2100
Stg 60 · 81 „	3710	5990	2500
Gußeisen Ge 12 · 91	—	1160	700
Sondergußeisen Ge 26 · 91	—	2480	1400
Elektrolytkupfer geglüht	440	2240	900
Kupfer hart gezogen	—	3950	700
Bronze (5 Sn, 95 Cu)	—	3210	1600
Messing 40/60 (Ms 60 DIN 1709)	—	4800	1550
Messing hart gezogen	—	6800	1800

alle Spannungen durch Division mit dem ursprünglichen schwächsten Querschnitt des Stabes ermittelt worden.

Die Wirkung örtlicher Spannungserhöhung in gelochten Blechen ist vor allem von Preuß untersucht worden. Er hat durch Messungen nachgewiesen, daß die Spannung am Lochrand etwa 2,3 mal so groß als die mittlere Spannung ist, die sich unter der Annahme gleichmäßiger Verteilung über den geschwächten Querschnitt ergibt. Diese mittlere Spannung beträgt in Abb. 19 1000 kg/cm², so daß die höchste Spannung etwa gleich 2300 kg/cm² ist. Zu bemerken ist, daß bei den Versuchen von Preuß die Streckgrenze nicht überschritten wurde. Treten bleibende Formänderungen auf, so ist bei weichem Stahl ein gewisser Ausgleich der Spannungen zu erwarten.

Wird ein gelochter Stab aus weichem Flußstahl einem gewöhnlichen Zugversuch unterworfen, so ergibt sich die merkwürdige Tatsache, daß die auf den kleinsten Querschnitt bezogene Zerreißfestigkeit kleiner ausfällt als bei dem nicht gelochten Stab. Dieses Ergebnis zeigen z. B. Versuche von Kirkaldy mit gekerbten Stäben aus Schweißstahl.

Der ursprüngliche Stab vom Durchmesser $D = 2{,}54$ cm, Abb. 20, erhielt eine schmale Nut vom Durchmesser $d = 1{,}85$ cm, Abb. 21, während ein weiterer Teil

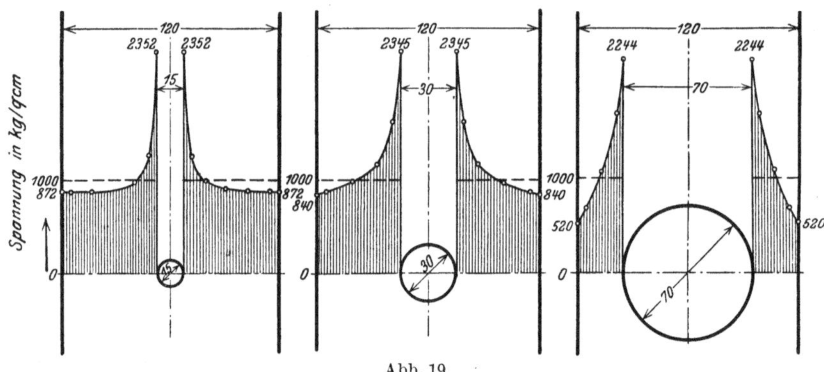

Abb. 19.

der Stäbe nach Abb. 22 auf den Durchmesser $d = 1{,}85$ cm abgedreht wurde. Die Zugfestigkeit betrug in den drei Fällen 4560, 6420 und 4920 kg/cm², so daß die Festigkeit bei dem nach Abb. 21 gekerbten Stab weit größer als bei den glatten Stäben ist.

Die Erklärung ist in der gehinderten Zusammenziehung des Werkstoffes an der Einschnürung *bb*, Abb. 21, zu suchen. Die Fasern des Querschnittes *bb* werden gedehnt, infolge der Querzusammenziehung (S. 9) müßte daher der Durchmesser der Nut geringer werden. Das sich bei *aa* an den kleinsten Querschnitt anschließende Material setzt dieser Zusammenziehung Widerstand entgegen, übt daher senkrecht zur Achse des Stabes auf die Nut Zugspannungen aus, die infolge der Querzusammenziehung die Dehnung der Nut in Richtung der Stabachse vermindern. Infolgedessen wird sowohl die Zusammenziehung der Nut senkrecht zur Stabachse als auch die Dehnung der Nut in Richtung der Stabachse vermindert und dadurch die Festigkeit des kleinsten Querschnittes vergrößert.

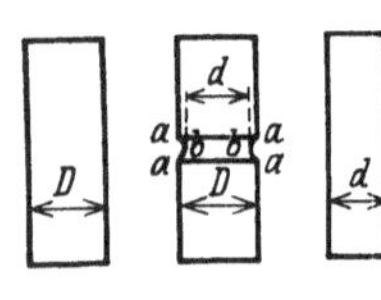

Abb. 20, 21 und 22.

Daß die Zusammenziehung des Stoffes tatsächlich gehindert wurde, lassen die Versuchswerte erkennen. Die Querschnittsverminderung betrug bei dem Versuch nach Abb. 20 51%, nach Abb. 22 49%, nach Abb. 21 aber nur 8%.

Die Erhöhung der Festigkeit des Stoffes infolge der gehinderten Zusammenziehung rechtwinklig zur Stabachse überwiegt bei zähen Stoffen, wie Flußstahl, die Verminderung der Festigkeit infolge ungleichmäßiger Verteilung der Spannungen über den Querschnitt. Bei spröden Stoffen, wie Gußeisen, scheint aber der letzte Einfluß größer zu sein, da die Festigkeit des gekerbten Stabes bei ruhender Last etwas geringer als die Festigkeit des glatten Stabes ist.

Ebenso ist zu erklären, daß ein gelochter Stab aus weichem Stahl bei einem gewöhnlichen Zugversuch eine höhere Festigkeit (in kg/cm²) hat als der nicht gelochte Stahl; auch hier wird die Querzusammenziehung am Lochrand gehindert. Es muß aber betont werden, daß bei wechselnder Beanspruchung Lochung stets eine sehr gefährliche Schwächung bedeutet, da eine dauernde Beanspruchung oberhalb der Schwingungsfestigkeit zum Bruch führt. So hat nach Versuchen von Föppl ein gelochter Stab unter sonst gleichen Umständen nur 2745 kg/cm² getragen, während der Vollstab 3990 kg/cm² aufnahm. Versuche, welche die Verringerung der Widerstandsfähigkeit von Maschinenteilen durch Löcher senkrecht zur Achse dartun, sind in großer Zahl bekannt geworden.

Auch bei Schrauben treten erhebliche Spannungssteigerungen durch Kerbwirkung an der Ansatzstelle des Gewindes und des Kopfes auf. So ist es zu erklären, daß die Schwingungsfestigkeit einer Schraube mit Gewinde nur etwa 30—40% der Schwingungsfestigkeit des gesunden Stoffes beträgt.

Ist $\sigma_W{}^0$ die Schwingungsfestigkeit des glatten, $\sigma_W{}^k$ die Schwingungsfestigkeit des gekerbten Stabes, so wird der Wert

$$k = \frac{\sigma_W{}^0 - \sigma_W{}^k}{\sigma_W{}^0} \cdot 100\,\% ,$$

d. h. die Verminderung der Schwingungsfestigkeit, bezogen auf die Schwingungsfestigkeit des glatten Stabes in Prozent, als Kerbziffer bezeichnet. Bei Verletzung der Oberfläche durch einen umlaufenden Spitzkerb von 0,2 mm Tiefe beträgt die Kerbziffer bei St 37.11 etwa 20%, bei St 50.11 etwa 23%.

3. Einfluß der Oberflächenbeschaffenheit. Jede mechanische Bearbeitung des Werkstoffes verursacht Risse oder sonstige Verletzungen der Oberfläche; diese setzen ähnlich wie Kerben die Schwingungsfestigkeit $\sigma_W{}^0$ des sorgfältig geschliffenen und polierten Stahles herab. Ist $\sigma_W{}^v$ die Schwingungsfestigkeit des oberflächenverletzten Stabes, so wird der Wert

$$k = \frac{\sigma_W{}^0 - \sigma_W{}^v}{\sigma_W{}^0} \cdot 100\,\%$$

wieder als Kerbziffer oder Oberflächenempfindlichkeit bezeichnet. Als Anhaltspunkte seien für Stab 50.11 die nachstehenden Werte für k gegeben:

Roh gedreht	$k = 10 \div 20$
Mit Feile geschruppt	$10 \div 20$
„ „ geschlichtet	$5 \div 10$
Geschliffen mit Schruppschliff	$11 \div 14$
„ mit Polierschliff	$0 \div 4$
Kurz poliert	$3 \div 6$
Verletzung der Oberfläche durch zufällige Schrammen	$14 \div 20$
„ „ „ durch Meißelhieb, nicht ausgeschliffen	$7 \div 14$
„ „ „ durch Meißelhieb, ausgeschliffen	bis 36
„ „ „ durch Schleifscheibe	$40 \div 50$

Nach Lehr ist die Oberflächenempfindlichkeit bei geglühten Kohlenstoffstählen gering, bei gehärteten Kohlenstoffstählen, Chromnickel- und Siliziumstählen recht erheblich. Gußeisen zeigt praktisch keine Oberflächen- und Kerbempfindlichkeit.

Auf die Behandlung der Oberfläche ist daher in der Werkstatt der größte Wert zu legen. So brach z. B. das Halsstück eines Preßluftwerkzeuges, das versehentlich am Ansatz roh bearbeitet wurde, nach kurzer Zeit, hielt aber, nachdem es ordnungsgemäß bearbeitet wurde.

4. Stöße. Die rechnerische Erfassung von stoßartig wirkenden Kräften ist recht schwierig. Meist begnügt man sich damit, die wirkenden Kräfte mit einem Faktor φ zu multiplizieren, der Stoßzahl genannt wird und natürlich größer als 1 sein muß. Im Kranbau wird bei Geschwindigkeiten bis 60 m/min $\varphi = 1{,}1$, bei Geschwindigkeiten über 60 m/min $= 1{,}2$ gesetzt.

Die Wirkung eines stoßweisen Betriebes bei Kraft- oder Arbeitsmaschinen ist von ausschlaggebender Bedeutung für die Berechnung von Transmissionswellen und Reibungskupplungen. Die gesammelten, teilweise recht kostspieligen Erfahrungen hat man in der Weise verwertet, daß man die Maschinen je nach der Härte des Stoßbetriebes zu Gruppen zusammenfaßt und für jede Gruppe den Faktor φ bestimmt, welcher das Anwachsen des Drehmomentes über das mittlere Drehmoment berücksichtigt.

Es darf gewählt werden für:

Gruppe I (Elektromotore, Schleifmaschinen) . . . . $\varphi = 1$
Gruppe II (Drehbänke, Webstühle, leichte Holzbearbeitungsmaschinen) . . . . $\varphi = 1,5$
Gruppe III (Dieselmotore, Kolbendampfmaschinen) . . . . $\varphi = 1,5$ bis 2
Gruppe IV (Luftkompressoren, Kolbenpumpen, Metall-Hobelmaschinen, Fahrstühle) $\varphi = 2$ bis 2,5
Gruppe V (Schmiedepressen, Vollgatter) . . . . $\varphi = 2$ bis 3
Gruppe VI (Riemenfallhämmer, Rohr- und Kugelmühlen, Walzwerke, Rohr- und Drahtzüge) . . . . $\varphi = 4$ bis 5.

In demselben Maße wächst auch die größte Tangentialspannung gegenüber der Spannung, welche sich bei Berücksichtigung der mittleren Leistung bzw. des durchschnittlichen Drehmomentes ergibt.

Über die Erhöhungen der Normalspannungen in Transmissionswellen bei Riemenantrieb siehe Alois Müller: Werkstoffermüdung und Biegungsbeanspruchung Maschinenbau Bd. 9, 1930, S. 645.

5. Korrosion. Unter Korrosion versteht man den chemischen Angriff der Metalle durch feuchte Luft, verdünnte Säuren, Meerwasser usw. Versuche von Ludwik haben ergeben, daß schon einfaches Berieseln mit frischem Wasser und Seewasser die Schwingungsfestigkeit um 10—70% vermindern kann.

K. Zulässige Spannungen im Maschinenbau.

1. Ruhende Belastung. Bei Belastungsfall I und gewöhnlicher Temperatur liegt die Dauerstandfestigkeit stets höher als die Fließgrenze. Es ist daher nicht die Bruchgefahr, sondern die Vermeidung bleibender Formänderungen maßgebend und daher die Sicherheit auf die Fließgrenze zu beziehen. Eigentlich sollte man die Elastizitätsgrenze als Belastungsgrenze wählen, da geringe bleibende Formänderungen schon bei dieser Spannung auftreten. Dagegen spricht aber, daß die Elastizitätsgrenze nur durch schwierige Feinmessungen bestimmt werden kann und daß sie durch Festlegung eines willkürlichen Betrages bleibender Formänderung gekennzeichnet ist.

Nur weicher Stahl hat eine ausgeprägte Fließgrenze. Daher wählt man z. B. bei Nichteisenmetallen als Ersatz der Fließgrenze diejenige Spannung, bei der die bleibende Dehnung 0,2% der Meßlänge beträgt; diese Werte sind in Tabelle 2 angegeben. Die Sicherheit gegenüber der Fließgrenze kann zwischen 1,5 und 2,5 gewählt werden.

Bei spröden Stoffen, wie Gußeisen, wird die Sicherheit auf die Bruchfestigkeit bezogen. Für $\mathfrak{S}$ werden Werte zwischen 2 und 4 angegeben.

2. Schwellende Belastung. Im Belastungsfall II ist die Sicherheit auf die Ursprungsfestigkeit zu beziehen. Da dieser Wert aber bei den meisten Stoffen unbekannt ist, wähle man nach dem Vorschlag von Bock etwa den 1,3fachen Betrag desjenigen Wertes, der im Belastungsfall III zulässig ist. Man kann auch nach Rötscher als zulässigen Wert im Belastungsfall II das arithmetische Mittel der für die Belastungsfälle I und III zulässigen Werte bilden.

3. Wechselnde Belastung. Im Belastungsfalle III ist die Sicherheit auf die Schwingungsfestigkeit zu beziehen. Hierbei ist $\mathfrak{S}$ zwischen 2 und 3 zu wählen.

4. Die Berechnung der zulässigen Werte. Unter Benutzung vorstehender Werte für die Sicherheit können gemäß Tabelle 2 die zulässigen Normalbeanspruchungen

(Zug, Druck, Biegung) ermittelt werden. Da anscheinend die Schwingungsfestigkeit bei Zug—Druck etwas geringer als bei Biegung ist, ist es zweckmäßig, in diesem Falle den in Tabelle 2 angegebenen Wert mit 0,8 bis 0,9 zu multiplizieren.

Bei Beanspruchung auf Drehung sind die zulässigen Normalspannungen mit 0,57, bei Beanspruchung auf Schub mit 0,8 zu multiplizieren.

Beispiel. Für St 37.11 ist $\sigma_S = 2040\ \text{kg/cm}^2$ und $\sigma_W = 1800\ \text{kg/cm}^2$. Die zulässigen Normalspannungen k_n für die drei Belastungsfälle können dann nach Rötscher folgendermaßen gefunden werden: Es ist für ruhende Belastung

$$k_{n\,I} = \frac{\sigma_S}{\mathfrak{S}_I} = \frac{2040}{1,4} = 1460\ \text{kg/cm}^2,$$

für schwellende Belastung bei Biegung

$$k_{n\,III} = \frac{\sigma_W}{\mathfrak{S}_{III}} = \frac{1800}{2} = 900\ \text{kg/cm}^2;$$

für Belastungsfall II

$$k_{n\,II} = \frac{k_{n\,I} + k_{n\,III}}{2} = \frac{1460 + 900}{2} = 1180\ \text{kg/cm}^2.$$

Bei Beanspruchung auf Drehung wird

$$k_{d\,I} = 0,57 \cdot k_{n\,I} = 0,57 \cdot 1460 = 935\ \text{kg/cm}^2,$$
$$k_{d\,II} = 0,57 \cdot k_{n\,II} = 0,57 \cdot 1180 = 675\ \text{kg/cm}^2 \quad \text{und}$$
$$k_{d\,III} = 0,57 \cdot k_{n\,III} = 0,57 \cdot 900 = 510\ \text{kg/cm}^2.$$

Bei Beanspruchung auf Schub darf gewählt werden

$$k_{s\,I} = 0,8 \cdot k_{n\,I} = 0,8 \cdot 1460 = 1150\ \text{kg/cm}^2,$$
$$k_{s\,II} = 0,8 \cdot k_{n\,II} = 0,8 \cdot 1180 = 945\ \text{kg/cm}^2 \quad \text{und}$$
$$k_{s\,III} = 0,8 \cdot k_{n\,III} = 0,8 \cdot 900 = 720\ \text{kg/cm}^2.$$

5. Allgemeines zur Wahl der Sicherheit. Zunächst muß betont werden, daß die vorstehend ermittelten zulässigen Spannungen Höchstwerte darstellen. Kerbwirkung, Oberflächenbeschaffenheit, Stöße usw. müssen entsprechend berücksichtigt werden. Ferner können die zulässigen Werte nicht rein schematisch, sondern nur von Fall zu Fall gewählt werden. Unter anderen sind folgende Gesichtspunkte wesentlich:

a) Die zulässigen Werte sind um so niedriger zu wählen, je unzulänglicher die Rechnung ist.

b) Die Wahl der Sicherheit hängt auch vom Verwendungszweck ab. Im Flugzeugbau rechnet man mit 1,35facher Sicherheit gegenüber der Streckgrenze und der Wechselfestigkeit, wählt daher die Beanspruchung des Stoffes sehr hoch, um Gewicht zu sparen. Bekannt ist, daß die Motoren von Rekordmaschinen so hoch beansprucht sind, daß sie nur eine Lebensdauer von wenigen Flugstunden aufweisen.

Im Werkzeugmaschinenbau sind die Sicherheiten viel höher als auf S. 16 zu wählen, um unter allen Umständen, auch bei Überlast, bleibende Formänderungen zu vermeiden (S. 4).

c) Je schwerwiegender der Bruch, um so vorsichtiger sind die zulässigen Werte zu wählen. Bei einem Kolbenstangengewinde am Kreuzkopf oder einem Schubstangenbolzen aus Flußstahl sind mit Rücksicht auf die Folgen, die ein Bruch nach sich ziehen würde, Werte von 350—400 kg/cm² üblich.

d) Durch die Behandlung des Stoffes (Härten), durch Formgebung (Gießen) können bedeutende Eigenspannungen auftreten, deren Größe nur schwer zu berechnen ist. Bei dem Gießen von Stahl in Formen (Stahlguß) können auch Lunker (Hohlräume) entstehen. (Über Gußspannungen vgl. E. Kothny: Gesunder Guß. Werkstattbücher Heft 30.) Daher ist bei der Wahl der zulässigen Spannungen größte Vorsicht geboten.

II. Zug, Druck.

Für die Berechnung des Querschnittes gilt die Bedingung: Der rechnerisch ermittelte Querschnitt muß kleiner als der ausgeführte sein, damit die auftretende Spannung kleiner als die zulässige wird. Ist der Querschnitt veränderlich, so ist der kleinste Querschnitt, der gefährlicher Querschnitt genannt wird, der Rechnung zugrunde zu legen.

Nach S. 10 ist für Zug $F \geqq \frac{P}{k_z}$; für Druck $F \geqq \frac{P}{k}$.

Beispiel. Eine Zugstange von 8 m Länge soll eine Kraft $P = 17000$ kg übertragen. Die Beanspruchung sei wechselnd. Werkstoff = St 37.11. Wir wählen nach Tabelle 2 (S. 13) mit $\mathfrak{S} = 2$ gegenüber der Schwingungsfestigkeit $k_z = \frac{1800}{2} = 900$ kg/cm².

Dann wird der erforderliche Querschnitt $F = \frac{P}{k_z} = \frac{17000}{900} = 18{,}9$ cm².

Man entscheidet sich für Rundeisen und wählt den Durchmesser $d = 50$ mm, dem nach Tabelle 1 (S. 7) ein Querschnitt $F' = 19{,}64$ cm² entspricht. Damit erhält man als rechnerisch ermittelte Spannung $\sigma = \frac{P}{F'} = \frac{17000}{19{,}64} = 866$ kg/cm².

Die Verlängerung der Stange beträgt mit $E = 2150000$ kg/cm² nach S. 7 und 9

$$\Delta l = l \cdot \varepsilon = \frac{l \cdot \sigma}{E} = \frac{800 \cdot 866}{2150000} = 0{,}322 \text{ cm} \approx 3{,}2 \text{ mm},$$

wobei zu beachten ist, daß für σ die wirklich vorhandene Spannung, nicht die zulässige Spannung einzusetzen ist.

A. Vorspannung.

Die Schrauben der in Abb. 23 dargestellten Stangenverbindung sollen berechnet werden. Die Kraft $Q = 12000$ kg wirke am rechten Teil in wechselnder Richtung.

Nur wenn Q in Richtung des Pfeiles wirkt, sind die Schrauben auf Zug beansprucht; in der entgegengesetzten Richtung sind die Schrauben entlastet, weil die Flansche den Druck übertragen. Es liegt daher nach S. 10 Belastungsfall II vor.

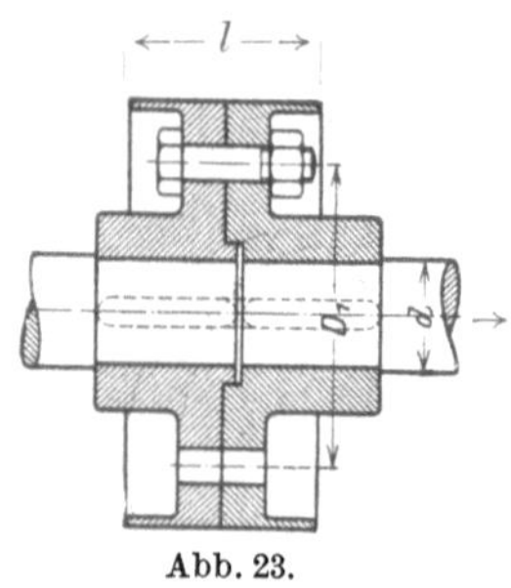

Abb. 23.

Als Werkstoff der Schrauben werde Stahl 34.13 gewählt. Nach Tabelle 2 ist die Schwingungsfestigkeit $1700 \cdot 0{,}85 \approx 1450$ kg/cm², so daß man, weil Belastungsfall II vorliegt, mit $\mathfrak{S} = 2$ nach S. 16 $k_z = 1{,}3 \cdot \frac{1450}{2} \approx 1000$ kg/cm² erhalten würde. Die zulässige Spannung ist aber mit Rücksicht auf Kerbwirkung (S. 12) und Stöße, die in der Rechnung nicht berücksichtigt werden, geringer zu wählen; wir rechnen mit $k_z = 480$ kg/cm².

Auf jede der vier Schrauben kommt eine Kraft $P_1 = \frac{Q}{4} = \frac{12000}{4} = 3000$ kg; daher ist der erforderliche Querschnitt $F_1 = \frac{P_1}{k_z} = \frac{3000}{480} = 6{,}37$ cm², dem ein Durchmesser von 29 mm entsprechen würde.

Als gefährlicher Querschnitt muß der Kerndurchmesser der Schraube mindestens diesen Wert haben. Für Whitworth-Gewinde hat nach DIN 12 eine Schraube von $1^3/_8''$ (Zoll) einen Kerndurchmesser von 29,51 mm, dem ein Gewindedurchmesser von 34,3 mm entspricht.

Dem Schaft des Bolzens geben wir aus praktischen Gründen einen Durchmesser von 35 mm, dem nach Tabelle 1 ein Querschnitt $F = 9{,}62$ cm² entspricht.

Beträgt die Stärke der Flansche in Abb. 23 $l = 4$ cm, so entspricht einer Kraft P in kg eine Verlängerung des Schraubenschaftes um

$$\Delta l = l \cdot \varepsilon = \frac{l\sigma}{E} = \frac{lP}{FE} = \frac{4 \cdot P}{9{,}62 \cdot 2150000} = \frac{P}{5160000}\,\text{cm} = \frac{P}{516000}\,\text{mm}.$$

In Abb. 24 ist der Zusammenhang zwischen Kraft und Verlängerung dargestellt. Wir entnehmen der Zeichnung, daß der Kraft $P_1 = 3000$ kg eine Verlängerung $\Delta l_1 = 0{,}0058$ mm entspricht.

Zieht man die Schrauben nur lose an, so werden die Flansche, wenn die Kraft Q, Abb. 23, in Richtung des Pfeiles wirkt, um dieses Maß Δl_1 auseinanderklaffen; bei Umkehr der Bewegung würde infolge der Federwirkung der Schrauben der rechte Flansch auf den linken aufschlagen, ein Zustand, der natürlich nicht eintreten darf. Daher müssen die Schrauben von vornherein so stark angezogen werden, daß die Flansche sich im Betriebe nicht voneinander abheben. Die hierzu notwendige Kraft wird Vorspannung genannt.

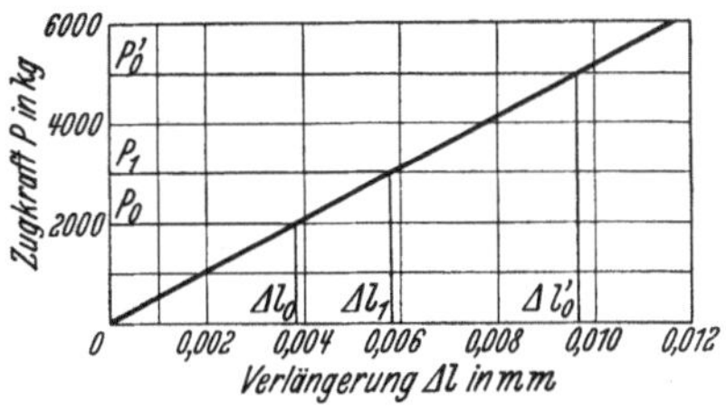

Abb. 24.

Wählt man die Vorspannung, die auf eine Schraube entfällt, kleiner als $P_1 = 3000$ kg, etwa gleich $P_0 = 2000$ kg, so wird die Schraube von vornherein um $\Delta l_0 = 0{,}0039$ mm vorgespannt. Beim Auftreten der Zugkraft $P_1 = 3000$ kg wird aber die Schraube um $\Delta l_1 = 0{,}0058$ mm länger; hieraus folgt, daß die Flansche — deren Formänderung gegenüber der Formänderung der Schrauben vernachlässigt werden darf — bei Auftreten der Zugkraft Q um $\Delta l_1 - \Delta l_0 = 0{,}0058 - 0{,}0039 = 0{,}0019$ mm auseinanderklaffen.

Deshalb muß die Vorspannung stets größer als die Betriebskraft P_1, etwa gleich P_0' gewählt werden; in diesem Falle werden die Flanschen bei Wirkung der Betriebskraft, da vier Schrauben vorhanden sind, mit einer Kraft $4\,(P_0' - P_1)$ gegeneinander gepreßt, das Auseinanderklaffen ist vermieden.

Bei Umkehr der Bewegung wird jede Schraube durch die Vorspannung P_0' beansprucht, ebenso vor Ingangsetzen der Maschine. Daher ist die Vorspannung für die Rechnung maßgebend.

Beim Anziehen werden die Schrauben nicht nur auf Zug, sondern gleichzeitig auch auf Drehung beansprucht; in der Rechnung wird aber nur die Beanspruchung auf Zug berücksichtigt. Das ist ein weiterer Grund dafür, daß die zulässige Beanspruchung niedriger als gewöhnlich üblich zu wählen ist.

In unserem Beispiel sei die auf eine Schraube entfallende Vorspannung $P_0' = \frac{5}{4} P_1 = 3750$ kg. Daher muß mit $k_z = 480$ kg/cm² der erforderliche Querschnitt

$$F' = \frac{P_0'}{k_z} = \frac{3750}{480} = 7{,}90\,\text{cm}^2$$

sein. Diesem Werte entspricht nach DIN 12 eine Schraube von $1^1/_2''$, die einen Kernquerschnitt von 8,39 cm² hat. Es sind daher Schrauben von $1^1/_2''$, nicht von $1^3/_8''$ bei der Stangenverbindung Abb. 23 zu verwenden.

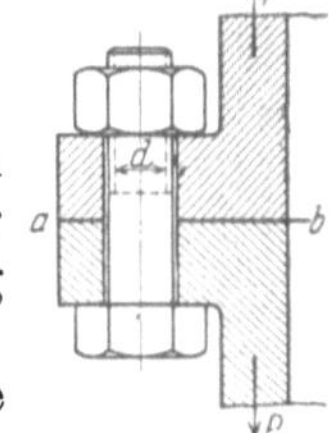

Abb. 25.

Die Größe der Vorspannung ist sehr verschieden. Die Schrauben am Deckel eines Dampfmaschinenzylinders, Abb. 25, sind so kräftig anzuziehen, daß nicht nur das Auseinanderklaffen der Flansche vermieden wird, sondern daß auch kein Dampf entweichen kann. Erfahrungsgemäß ist hier die Vorspannung gleich dem doppelten bis dreifachen

Betrag der Betriebskraft P zu wählen. Die infolge der ungleichmäßigen Erwärmung des Materials auftretenden Wärmespannungen sind zu berechnen; die Verminderung der Festigkeit infolge der erhöhten Temperatur ist bei Wahl der zulässigen Spannung zu berücksichtigen.

Die Schrauben sollten in diesem Falle nicht stärker angezogen werden als etwa der dreifachen Betriebskraft entspricht. Um dem Monteur einen Anhalt zu geben, wie weit er beim Anziehen zu gehen hat, kann ihm der Wert $\Delta l_0'$, Abb. 24, mitgeteilt werden, der der dreifachen Betriebskraft P_0' entspricht. Der Monteur kann dann mit der Schublehre, in der er ein Blech von der Stärke $\Delta l_0'$ einlegt, die leicht angezogene Schraube messen; er wird sie dann so stark anziehen, daß die Schublehre ohne Blechunterlage gerade überschnäbelt[1].

B. Wärmespannungen.

Unter dem Einfluß der Wärme dehnen sich die Stoffe aus. Die Verlängerung, die ein Stab der Länge 1 bei einer Temperaturerhöhung um 1° erfährt, heißt linearer Ausdehnungskoeffizient und wird mit α_w bezeichnet. Für Stahl und Eisen ist bei Temperaturen zwischen 0 und 100° im Mittel $\alpha_w = 0{,}000012$, d. h. ein Stab von 1 cm Länge erfährt bei einer Temperaturerhöhung um 1° eine Verlängerung von 0,000012 cm. Bei einer Erwärmung von t_1 auf t_2 ° verlängert sich daher ein Stab von l cm Länge um $\Delta l = \alpha_w \cdot l\,(t_2 - t_1)$ cm.

Wird das eine Ende des Stabes festgehalten, während das andere Ende frei beweglich ist, so verlängert sich der Stab um diesen Wert Δl und bleibt spannungslos. Werden hingegen beide Endpunkte fest eingespannt, so daß sich der Stab bei der Erwärmung nicht verlängern kann, so treten in ihm Spannungen auf, die wir **Wärmespannungen** nennen; es darf angenommen werden, daß sich diese Wärmespannungen gleichmäßig über die einzelnen Querschnitte des Stabes verteilen, wenn dieser in allen Teilen dieselbe Temperatur t_2 angenommen hat. Ihre Größe beträgt $\sigma = E \cdot \varepsilon = E \cdot \frac{\Delta l}{l} = E \cdot \alpha_w \cdot (t_2 - t_1)$ kg/cm². Die Größe der Wärmespannungen ist daher unabhängig von der Länge und dem Querschnitt des Stabes.

Beispiel. Ein fest eingespannter Stab aus Flußstahl ist bei 10° spannungsfrei und wird auf 100° erwärmt. Die Größe der Wärmespannung beträgt

$$\sigma = 2150000 \cdot 0{,}000012 \cdot (100 - 10) = 2322 \text{ kg/cm}^2.$$

Es ergibt sich, daß die Wärmespannungen sehr hohe Beträge annehmen und leicht die zulässigen Werte überschreiten können.

Im Maschinenbau haben wir es meist mit einer ungleichmäßigen Erwärmung der einzelnen Teile zu tun; hierdurch werden natürlich auch Wärmespannungen hervorgerufen. Als Beispiel betrachten wir einen von einem Rohr umgebenen Bolzen, Abb. 26. Bei der Temperatur t_1° sollen beide Körper spannungsfrei sein, das Elastizitätsmaß des Bolzens sei E_1, das des Rohres E_2. Die Länge des Bolzens und des Rohres sei gleich l.

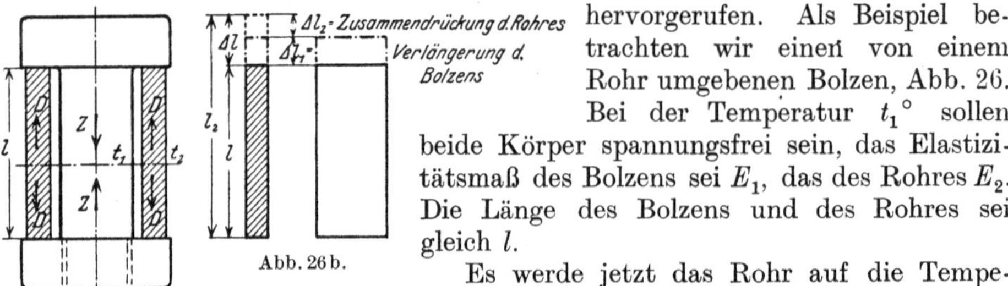

Abb. 26a. Abb. 26b.

Es werde jetzt das Rohr auf die Temperatur t_2° erwärmt, während der Bolzen die ursprüngliche Tempe-

[1] Salingré: Maschinenteile für Hochdruckheißdampf. Z.VDI. Bd. 74 (1930) S. 1237. Dort ist eine Flanschverbindung für 100 at und 450° unter Berücksichtigung der Wärmespannungen durchgerechnet.

ratur t_1 beibehalten soll. Wenn sich das Rohr ungehindert ausdehnen könnte, so müßte es sich infolge der Temperaturerhöhung um $\Delta l = \alpha_w \cdot l\,(t_2 - t_1)$ ausdehnen und daher die Länge $l_2 = l + \Delta l$ annehmen. Infolge der festen Verbindung mit dem Bolzen wird die Wärmeausdehnung um den Betrag Δl_2 vermindert, andererseits kann aber auch der Bolzen seine ursprüngliche Länge l nicht beibehalten, sondern wird um den Betrag Δl_1 länger. Da beide Körper infolge der festen Verbindung dieselbe Länge haben, so muß $\Delta l = \alpha_w \cdot l \cdot (t_2 - t_1) = \Delta l_1 + \Delta l_2$ sein. Mit $\varepsilon_1 = \frac{\Delta l_1}{l}$ und $\varepsilon_2 = \frac{\Delta l_2}{l}$ wird $\varepsilon_1 + \varepsilon_2 = \alpha_w \cdot (t_2 - t_1)$.

Nach dem Geradliniengesetz von Hooke (S. 9), dessen Gültigkeit ausdrücklich vorausgesetzt wird, ist $\sigma = E \cdot \varepsilon$ und daher $\varepsilon = \frac{\sigma}{E}$, mithin $\varepsilon_1 = \frac{\sigma_1}{E_1}$ und $\varepsilon_2 = \frac{\sigma_2}{E_2}$, worin σ_1 die im Rohr infolge der Zusammendrückung um Δl_2 entstehende Druckspannung und σ_2 die durch Verlängerung um Δl_2 hervorgerufene Zugspannung des Rohres ist. Einsetzen der für ε_1 und ε_2 gegebenen Werte führt auf die Beziehung

$$\frac{\sigma_1}{E_1} + \frac{\sigma_2}{E_2} = \alpha_w\,(t_2 - t_1).$$

Wir wollen jetzt eine zweite Gleichung zwischen den unbekannten Werten σ_1 und σ_2 aufstellen. Zu diesem Zweck denken wir daran, daß die im Bolzen entstehende Zugkraft Z gleich der im Rohr entstehenden Druckkraft D sein muß. Ist nun F_1 der Querschnitt des Bolzens, F_2 der Querschnitt des Rohres, so ist $Z = F_1 \cdot \sigma_1$, $D = F_2 \cdot \sigma_2$ und daher $F_1 \cdot \sigma_1 = F_2 \cdot \sigma_2$. Einsetzen des Wertes $\sigma_2 \cdot \frac{F_2}{F_1}$ für σ_1 ergibt

$$\sigma_2 \cdot \frac{F_2}{E_1 \cdot F_1} + \frac{\sigma_2}{E_2} = \alpha_w\,(t_2 - t_1), \qquad \frac{\sigma_2 \cdot E_2 \cdot F_2}{E_1 \cdot E_2 \cdot F_1} + \frac{\sigma_2 \cdot E_1 F_1}{E_1 E_2 F_1} = \alpha_w\,(t_2 - t_1),$$

$$\frac{\sigma_2}{E_1 \cdot E_2 \cdot F_1}\,(E_2 \cdot F_2 + E_1 F_1) = \alpha_w\,(t_2 - t_1);$$

es ist daher

$$\sigma_2 = \frac{E_1 \cdot E_2 \cdot F_1}{E_1 \cdot F_1 + E_2 \cdot F_2} \cdot \alpha_w (t_2 - t_1)$$

die im Rohr entstehende Druckspannung; mit $\sigma_1 = \frac{F_2}{F_1} \cdot \sigma_2$ wird die im Bolzen hervorgerufene Zugspannung

$$\sigma_1 = \frac{E_1 \cdot E_2 \cdot F_2}{E_1 \cdot F_1 + E_2 \cdot F_2} \cdot \alpha_w (t_2 - t_1).$$

Bestehen Rohr und Bolzen aus demselben Werkstoff, so wird mit $E_1 = E_2 = E$

$$\sigma_1 = \frac{F_2}{F_1 + F_2} \cdot E \cdot \alpha_w (t_2 - t_1) \quad \text{und} \quad \sigma_2 = \frac{F_1}{F_1 + F_2} \cdot E \cdot \alpha_w (t_2 - t_1).$$

Beispiel. Die Temperaturerhöhung $t_2 - t_1$ betrage 100°, ferner sollen Rohr und Bolzen denselben Querschnitt F haben. Mit $F_1 = F_2 = F$ wird

$$\sigma_1 = \sigma_2 = \frac{F}{2F} \cdot E \cdot \alpha_w (t_2 - t_1) = \frac{1}{2} E \cdot \alpha_w (t_2 - t_1)$$

und daher mit $E = 2150000$ kg/cm² für Flußstahl

$$\sigma_1 = \sigma_2 = \frac{1}{2} \cdot 2150000 \cdot 0{,}000\,012 \cdot 100 = 1230 \text{ kg/cm}^2.$$

Auch dieses Beispiel zeigt, wie gefährlich Wärmespannungen werden können.

III. Schubspannungen.

Bei Beanspruchung nach Abb. 4 und 5 haben die äußeren Kräfte das Bestreben, die beiden Stabhälften in dem betrachteten Querschnitt gegeneinander zu verschieben. Hierdurch werden in der Ebene des Querschnittes Spannungen hervorgerufen, die Schubspannungen heißen. Diese Spannungen werden im Gegensatz zu den Normalspannungen σ, die normal (rechtwinklig) zum Querschnitt wirken, als Tangentialspannungen mit τ bezeichnet (Abb. 27).

Abb. 27.

Bei Zug, Druck und Biegung entstehen Normalspannungen; bei Schub und Drehung Tangentialspannungen.

Nieten und kurze Bolzen werden unter Vernachlässigung der Biegespannungen dadurch berechnet, daß man annimmt, die Schubspannungen verteilen sich gleichförmig über den Querschnitt[1]. Ist P die Last in kg, F der Querschnitt in cm², so wird die Schubspannung $\tau = \frac{P}{F}$, die einen zulässigen Wert k_s nicht überschreiten darf; die Festigkeitsbedingung lautet daher

$$\frac{P}{F} \leqq k_s \quad \text{oder} \quad F \geqq \frac{P}{k_s}.$$

Wir wissen, daß die Schubspannungen sich tatsächlich nicht einmal bei dem Kreisquerschnitt gleichförmig über die Fläche verteilen. Die obige Formel liefert aber brauchbare Ergebnisse, weil die Scherfestigkeit K_s in ähnlicher Weise aus Versuchen errechnet und k_s als Bruchteil von K_s gewählt wird. Diese Ermittlung von k_s ist auch die Ursache dafür, daß die zulässigen Spannungen bei Schub und Drehung nach S. 17 verschieden hoch gewählt werden. Für Eisenkonstruktionen wird entsprechend $K_s \approx 0{,}8\,K_z$ gewöhnlich $k_s = 0{,}8\,k_z$ gewählt (S. 17). Für Niete aus St 37 folgt daher mit $k_z = 1200$ kg/cm² $k_s = 0{,}8 \cdot 1200 \approx 1000$ kg/cm²; für Niete aus St 48 mit $k_z = 1560$ kg/cm² $k_s = 0{,}8 \cdot 1560 \approx 1300$ kg/cm². Diese Werte sind im Hochbau durch amtliche Bestimmungen vorgeschrieben.

Beispiel. Die in Abb. 28 dargestellte Nietverbindung habe eine Kraft $P = 17\,t$ ($1\,t = 1$ Tonne $= 1000$ kg) zu übertragen. Die Anzahl der Niete sei $n = 6$. Der Durchmesser d der Niete ist zu ermitteln, wenn als Material St 37 gewählt wird.

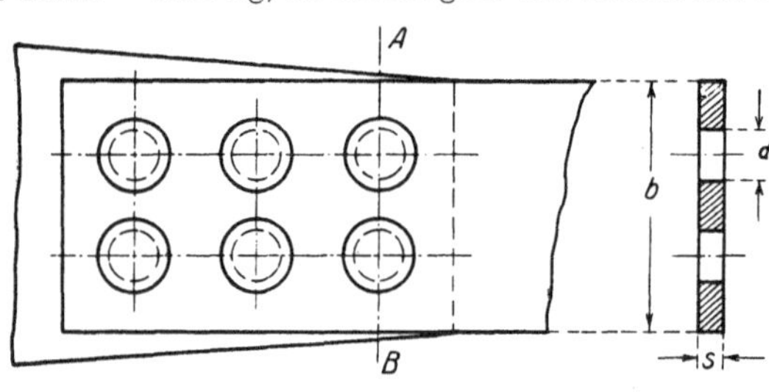

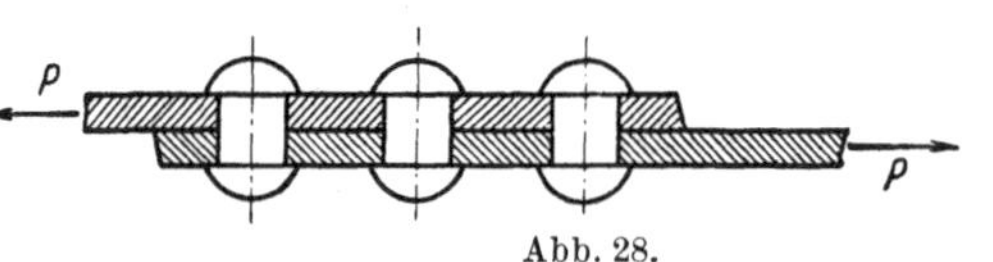

Abb. 28.

Mit $k_s = 1000$ kg/cm² wird, weil $n = 6$ Scherflächen vorhanden sind

$$F = \frac{\pi d^2}{4} = \frac{P}{n\,k_s} = \frac{17\,000}{6 \cdot 1000} = 2{,}84\,\text{cm}^2.$$

Einem Kreisquerschnitt von 2,84 cm² entspricht nach Tabelle 1 ein Durchmesser $d = 19$ mm. Nach den DIN ist ein Lochdurchmesser von 20 mm und ein Rohnietdurchmesser von 19 mm zu wählen. Die vorhandene Schubspannung wird, weil der geschlagene Niet (= Lochdurchmesser) für die Berechnung maßgebend ist,

$$\tau = \frac{P}{nF} = \frac{17\,000}{6 \cdot 3{,}14} = 900\,\text{kg/cm}^2.$$

Die Blechstärke s in Abb. 28 ergibt sich aus der Bedingung, daß die Flächenpressung zwischen der Lochwand und dem Bolzendurchmesser, Lochleibungsdruck genannt, einen zulässigen Wert k_l nicht überschreiten darf. Der Lochleibungsdruck ist auf die Projektion $d \cdot s$ der gewölbten Fläche zu beziehen. Bei n Scherflächen muß

$$\frac{P}{n\,d\,s} \leqq k_l$$

sein. Gewöhnlich wird $k_l = 2\,k_s$ gewählt, ist daher für St 37 gleich 2000 kg/cm².

[1] Diese Berechnung auf Schub, allgemein üblich, entspricht doch nicht der normalen Beanspruchung des Nietes. Das erkaltende Niet löst sich vielmehr von der Lochbohrung ab und zieht sich zusammen, so daß die zu verbindenden Teile scharf zusammengedrückt werden. Der dadurch hervorgerufene Gleitwiderstand verhindert ein Verschieben der Teile. Der Nietschaft selbst kommt dabei unter Zugspannung.

Hieraus ergibt sich die Blechstärke $s = \frac{P}{n\,d\,k_l} = \frac{17\,000}{6 \cdot 2 \cdot 2000} = 0{,}71$ cm. Wir wählen $s = 8$ mm und wollen jetzt die Breite b des Bleches berechnen. Für den schwächsten Querschnitt $A - B$ in Abb. 28 muß mit $F' = (b - 2\,d)\,s$

$$\frac{P}{F'} = \frac{P}{(b - 2\,d)\,s} = \frac{17\,000}{(b - 4) \cdot 0{,}8} \leqq k_z$$

sein. Mit $k_z = 1000$ kg/cm² wird daher $b - 4 = \frac{17\,000}{0{,}8 \cdot 1000} = 21{,}2$ cm oder $b \approx 4 + 22 = 26$ cm.

Ist die Stärke s des Bleches gegeben, so ist der Durchmesser d des Bolzens auf Schub und Lochleibungsdruck zu berechnen. Zu bemerken ist, daß die Niete, die gleichzeitig dicht halten sollen (z. B. Dampfkesselniete) auf anderer Grundlage berechnet werden.

IV. Biegungsspannungen.

A. Allgemeines.

Der in Abb. 29 gezeichnete Träger sei an einem Ende eingespannt, am anderen durch eine Kraft P belastet.

1. Neutrale Faser. Wir nehmen an, daß der Träger, wie dies beim Holzbalken tatsächlich der Fall ist, aus einzelnen Fasern besteht, die gleichlaufend zur Längsrichtung des Trägers verlaufen.

Die Erfahrung lehrt, daß sich der Träger nach Abb. 30 durchbiegt. Von zwei Querschnitten AB und CD, die vor der Formänderung eben waren und den Abstand

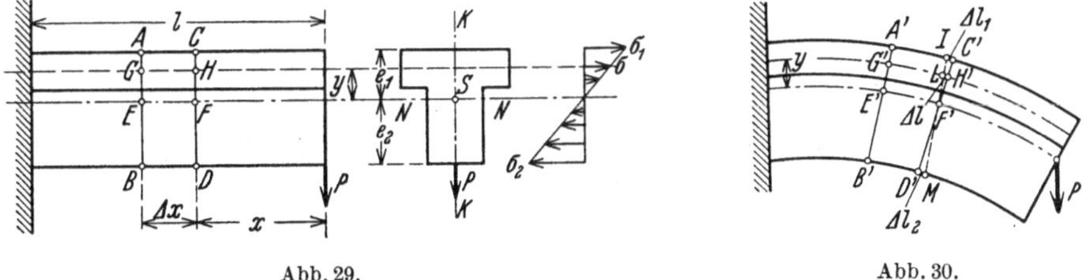

Abb. 29. Abb. 30.

$\Delta\,x$ hatten, kann angenommen werden, daß sie auch nach der Durchbiegung eben bleiben; nur werden die parallelen Geraden AB und CD nach Einwirken der Kraft P in die zueinander geneigten Linien $A'B'$ und $C'D'$ übergehen. Das ist nur dadurch möglich, daß die Faser $A'C'$ länger, die Faser $B'D'$ kürzer wird. Ferner muß es eine Faser $EF = E'F'$ geben, die die ursprüngliche Länge beibehält, also weder länger noch kürzer wird. Diese Faser heißt die neutrale Faser; sie schneidet den Querschnitt in einer Geraden NN, die neutrale Achse oder Nullinie genannt wird.

2. Kraftlinie und Nullinie. Wir nehmen an, daß der Querschnitt des Trägers wie in Abb. 29 eine Symmetrielinie besitzt; in dieser Kraftlinie KK soll auch die Last P angreifen. Kraftlinie und Nullinie stehen dann rechtwinklig aufeinander. Sie schneiden sich, wie nachgewiesen werden kann, in dem Schwerpunkt S des Querschnittes, so daß die neutrale Achse durch den Schwerpunkt des Trägers geht; die neutrale Achse ist eine Schwerachse.

3. Dehnungen. Um die Verlängerungen und Verkürzungen der einzelnen Fasern klar erkennen zu können, legen wir durch den Punkt F' (Abb. 30) eine Parallele JM zu $A'B'$. Es ist dann $A'J = E'F' = G'L = B'M$ gleich der ursprünglichen Länge $\Delta\,x$ jeder Faser, $H'L = \Delta\,l$ die Verlängerung einer Faser GH, die von der neutralen den Abstand y hat. Man erkennt, daß die Verlängerungen und

Verkürzungen nach der neutralen Faser hin abnehmen und dort gleich Null sind; ferner, daß die größte Verlängerung $C'J = \Delta l_1$ und die größte Verkürzung $D'M = \Delta l_2$ in den äußersten Fasern auftreten, die von der neutralen Faser die Entfernung e_1 und e_2 haben (Abb. 29).

Aus der Ähnlichkeit der Dreiecke $F'H'L$ und $F'C'J$ folgt $LH' : JC' = F'H' : F'C'$ oder $\Delta l : \Delta l_1 = y : e_1$. Es ist daher

$$\Delta l = \frac{\Delta l_1}{e_1} y.$$

Da für die betrachteten Querschnitte AB und CD die Werte Δl_1 und e_1 unveränderliche Größen sind, so sind die Verlängerungen bzw. die Verkürzungen der einzelnen Fasern dem Abstand von der neutralen Faser proportional.

Versuchen wir nun, die Dehnung ε im Punkte H des Trägers, dessen „Koordinaten" x und y gegeben sind, dadurch zu ermitteln, daß wir nach S. 7 die Verlängerung Δl durch die ursprüngliche Länge $GH = \Delta x$ teilen, so kommen wir zu dem Ergebnis, daß der Wert

$$\varepsilon = \frac{\Delta l}{\Delta x} = \frac{\Delta l_1}{e_1 \cdot \Delta x} y$$

um so größer wird, je größer Δx gewählt wird. Das liegt daran, daß sich die Faser GH im Punkte G stärker als im Punkte H dehnt. Um zu einem festen Wert für ε zu gelangen, muß man den Wert ε für verschiedene Werte Δx berechnen und diese Werte so anordnen, daß Δx kleiner und kleiner wird. Wenn sich dann Δx immer mehr dem Wert Null nähert, so nähert sich ε immer mehr einer festen Zahl, die als Dehnung im Punkte H gewählt wird. Zur Kennzeichnung dieses Vorganges ersetzt man in Δl_1 und Δx die Zeichen „Δ" durch „d" und schreibt

$$\varepsilon = \frac{d l_1}{e_1 dx} y.$$

4. Spannungen (Querkraft, Trägheitsmoment, Widerstandsmoment). Wird die Last P nur so groß gewählt, daß die Spannungen die Proportionalitätsgrenze nicht überschreiten, so gilt nach S. 9 das Hookesche Gesetz und es ist

$$\sigma = E \cdot \varepsilon = \frac{E\, d l_1}{e_1 dx} y.$$

Die Spannungen sind den Abständen von der neutralen Faser proportional. Die größte Zugspannung σ_1 tritt in der obersten, die größte Druckspannung σ_2 in der untersten Faser auf; die Spannung der neutralen Faser ist gleich Null.

Unsere Formel gestattet es nicht, die Spannung σ zu berechnen, weil der Wert $\frac{d l_1}{d x}$ nicht bekannt ist. Es wird daher ein anderer Lösungsweg eingeschlagen. Man denkt sich den Träger, Abb. 29, im Querschnitt CD durchgeschnitten und betrachtet das Gleichgewicht des rechten Teiles, Abb. 31. In der Schnittfläche CD müssen die Kräfte angebracht werden, die der linke Teil vor dem Durchschneiden auf den rechten Teil ausgeübt hat. Es wirken zunächst die Normalspannungen σ, von denen wir nachgewiesen haben, daß sie proportional dem Abstand vor der neutralen Achse wachsen. Da die senkrechten Kräfte für sich im Gleichgewicht sein müssen, so muß außerdem in dem Querschnitt CD eine Schubkraft Q wirken, die Querkraft genannt wird; es ist $Q = P$. Die Kräfte Q und P werden zusammen als Kräftepaar bezeichnet; der Abstand x beider Kräfte heißt der Hebelarm des Kräftepaares. Das Produkt aus Kraft und Hebelarm,

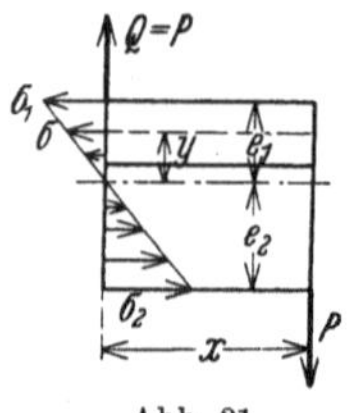

Abb. 31.

$M = P \cdot x$ heißt das Moment des Kräftepaares und wird, weil sich der Träger infolge dieses Momentes durchbiegt, als Biegungsmoment bezeichnet.

Es ergibt sich, daß die Spannung σ nach der Formel $\sigma = \frac{M}{J} y$ berechnet werden kann; hierin ist $M = P \cdot x$ das Biegungsmoment der Kraft P, gemessen in cmkg, J das auf die neutrale Achse zu beziehende axiale Trägheitsmoment, gemessen in cm^4. J hängt nur vom Querschnitt des Trägers ab, y ist der Abstand der Faser, deren Spannung σ ermittelt werden soll, von der neutralen Achse. Es hat daher σ die Dimension: $\frac{\text{cmkg}}{\text{cm}^4} \cdot \text{cm} = \frac{\text{kg}}{\text{cm}^2}$, was mit S. 5 übereinstimmt.

Für die größte Zugspannung σ_1 ist $y = e_1$ und daher $\sigma_1 = \frac{M}{J} e_1 = \frac{M}{\frac{J}{e_1}}$;

für die größte Druckspannung σ_2 ist $y = e_2$ und daher $\sigma_2 = \frac{M}{J} e_2 = \frac{M}{\frac{J}{e_2}}$.

Der Ausdruck: Trägheitsmoment geteilt durch Abstand der äußersten Faser von der neutralen Achse hängt wie das Trägkeitsmoment nur von dem Querschnitt ab, hat die Dimension $\frac{\text{cm}^4}{\text{cm}} = \text{cm}^3$, wird Widerstandsmoment genannt und mit W_1 bzw. W_2 bezeichnet; es ist

$$W_1 = \frac{J}{e_1} \quad \text{und} \quad W_2 = \frac{J}{e_2}, \quad \text{mithin:} \quad \sigma_1 = \frac{M}{W_1} \quad \text{und} \quad \sigma_2 = \frac{M}{W_2}.$$

5. Berechnung des erforderlichen Querschnitts, gefährlicher Querschnitt. Damit die zulässigen Spannungen k_z und k nicht überschritten werden, muß

$$\frac{M}{W_1} \leqq k_z \quad \text{und} \quad \frac{M}{W_2} \leqq k \quad \text{sein.}$$

Ist, wie bei dem Kreis, Rechteck und I-Querschnitt $e_1 = e_2$, so werden beide Größen durch e bezeichnet. Ebenso werden dann $W_1 = W_2 = \frac{J}{e}$ durch denselben Buchstaben W ausgedrückt. Ist außerdem, wie bei Flußstahl, $k_z = k$, so wird die zulässige Spannung mit k_b bezeichnet und Biegungsspannung genannt; es gilt dann die Gleichung

$$\frac{M}{W} \leqq k_b.$$

Das erforderliche Widerstandsmoment (W_{erf}) muß dann größer ($>$) oder gleich ($=$) $\frac{M}{k_b}$ sein: $W_{erf} \geqq \frac{M}{k_b}$.

Nach dieser Gleichung wird das erforderliche Widerstandsmoment auch dann berechnet, wenn k_z und k verschieden groß sind und keine Proportionalität zwischen Spannungen und Dehnungen besteht (vgl. S. 9), wobei für k_b ein Mittelwert zwischen k_z und k einzusetzen ist. In diesen Fällen gilt die Bezeichnung $W_{erf} \geqq \frac{M}{k_b}$ nur angenähert, und es sind daher die zulässigen Werte k_b sehr vorsichtig zu wählen. Wir hatten bereits auf S. 17 betont, daß die zulässigen Spannungen um so niedriger zu wählen sind, je unsicherer die Rechnung ist.

Für M ist stets der größte Wert max M einzusetzen. In Abb. 29 ist l die Länge des Trägers, $M = P \cdot x$ und daher $\max M = P \cdot l$, mithin das erforderliche Widerstandsmoment aus $W_{erf} \geqq \frac{P \cdot l}{k_b}$ zu bestimmen. Der Querschnitt, in dem M und daher die Spannung $\sigma_1 = \sigma_2 = \frac{M}{W}$ der äußersten Fasern am größten wird, heißt gefährlicher Querschnitt. Bei einem einseitig eingespannten Träger, Abb. 29, liegt daher der gefährliche Querschnitt an der Einspannstelle. An dieser Stelle ist auch der Bruch des Trägers zu erwarten. So brechen Zweige, die man abreißt, an der Stelle ab, wo sie mit dem Baumstamme zusammenhängen.

Bei allen Rechnungen auf Biegung ist zunächst der gefährliche Querschnitt zu ermitteln.

B. Axiale Trägheits- und Widerstandsmomente.

1. Tabellen. Für häufig verwendete Querschnitte sind Formeln zur Berechnung der axialen Trägheits- und Widerstandsmomente in der folgenden Tabelle 3 zusammengestellt.

Tabelle 3.

Nr.	Querschnitt	Trägheits- und Widerstandsmoment	Nr.	Querschnitt	Trägheits- und Widerstandsmoment
1.	h, b	$J = \frac{b h^3}{12}$ $W = \frac{b h^2}{6}$	4.	d	$J = \frac{\pi d^4}{64}$ $W = \frac{\pi d^3}{32} \approx 0{,}1 d^3$
2.	h, b	$J = \frac{h b^3}{12}$ $W = \frac{h b^2}{6}$	5.	d, D	$J = \frac{\pi}{64}(D^4 - d^4)$ $W = \frac{\pi}{33} \cdot \frac{D^4 - d^4}{D}$
3.	h, h	$J = \frac{h^4}{12}$ $W = \frac{h^3}{6}$	6.	a, b	$J = \frac{\pi a^3 b}{4}$ $W = \frac{\pi a^2 b}{4}$

In Tabelle 4 sind die axialen Trägheits- und Widerstandsmomente für den kreisförmigen Querschnitt zahlenmäßig gegeben. Hierbei ist der Durchmesser d in cm einzusetzen, um J in cm^4 und W in cm^3 zu erhalten. Zwischenwerte werden nach folgender Regel erhalten: Wird d mit 0,1 multipliziert, so ist J mit 0,0001 und W mit 0,001 zu multiplizieren. Z. B. ist für $d = 2{,}5$ cm $J = 1{,}9175$ cm^4 und $W = 1{,}534$ cm^3.

In Tabelle 5 sind die axialen Widerstandsmomente für Bauhölzer mit den von der Deutschen Reichsbahn verwendeten Regel-Querschnittsabmessungen zusammengestellt. Die **fett gedruckten** Zahlen beziehen sich auf die Querschnittsabmessungen, die von den in Betracht kommenden Verbänden unter Mitwirkung von Behörden und des Deutschen Normausschusses als Regelhölzer vereinbart wurden.

Für Profileisen (L-, C-, I-, T-Eisen) finden sich Zahlenwerte für J und W in allen Taschenbüchern.

2. Zusammengesetzte Querschnitte. Bei diesen Querschnitten sind folgende Regeln zu beachten:

a) Setzt sich der Querschnitt aus mehreren Einzelteilen zusammen, so ist das gesamte Trägheitsmoment gleich der Summe der Trägheitsmomente der Einzelteile, wenn alle Trägheitsmomente auf dieselbe Achse bezogen werden.

b) Ist der gesuchte Querschnitt die Differenz zweier Querschnitte, so ist das gesuchte Trägheitsmoment gleich der Differenz der Trägheitsmomente der beiden

Tabelle 4. Kreisförmiger Querschnitt.

J = axiales Trägheitsmoment; W = axiales Widerstandsmoment.

d	$J = \frac{\pi d^4}{64}$	$W = \frac{\pi d^3}{32}$	d	$J = \frac{\pi d^4}{64}$	$W = \frac{\pi d^3}{32}$	d	$J = \frac{\pi d^4}{64}$	$W = \frac{\pi d^3}{32}$
1	0,0491	0,0982	51	332 086	13 023	101	5 108 055	101 150
2	0,7854	0,7854	52	358 908	13 804	102	5 313 378	104 184
3	3,976	2,651	53	387 323	14 616	103	5 524 830	107 278
4	12,57	6,283	54	417 393	15 459	104	5 742 532	110 433
5	30,68	12,27	55	449 180	16 334	105	5 966 604	113 650
6	63,62	21,21	56	482 750	17 241	106	6 197 171	116 928
7	117,9	33,67	57	518 166	18 181	107	6 434 357	120 268
8	201,1	50,27	58	555 497	19 155	108	6 678 287	123 672
9	322,1	71,57	59	594 810	20 163	109	6 929 087	127 139
10	490,9	98,17	**60**	636 172	21 206	**110**	7 186 886	130 671
11	718,7	130,7	61	679 651	22 284	111	7 451 813	134 267
12	1018	169,6	62	725 332	23 398	112	7 723 997	137 929
13	1402	215,7	63	773 272	24 548	113	8 003 571	141 656
14	1886	269,4	64	823 550	25 736	114	8 290 666	145 450
15	2485	331,3	65	876 240	26 961	115	8 585 417	149 312
16	3217	402,1	66	931 420	28 225	116	8 887 958	153 241
17	4100	482,3	67	989 166	29 527	117	9 198 425	157 238
18	5153	572,6	68	1 049 556	30 869	118	9 516 956	161 304
19	6397	673,4	69	1 112 660	32 251	119	9 843 689	165 440
20	7854	785,4	**70**	1 178 588	33 674	**120**	10 178 763	169 646
21	9547	909,2	71	1 247 393	35 138	121	10 522 320	173 923
22	11 499	1045	72	1 319 167	36 644	122	10 874 501	178 271
23	13 737	1194	73	1 393 995	38 192	123	11 235 450	182 690
24	16 286	1357	74	1 471 963	39 783	124	11 605 311	187 182
25	19 175	1534	75	1 553 156	41 417	125	11 984 229	191 748
26	22 432	1726	76	1 637 662	43 096	126	12 372 350	196 387
27	26 087	1932	77	1 725 571	44 820	127	12 769 824	201 100
28	30 172	2155	78	1 816 972	46 589	128	13 176 799	205 887
29	34 719	2394	79	1 911 967	48 404	129	13 593 424	210 751
30	39 761	2651	**80**	2 010 619	50 265	**130**	14 019 852	215 690
31	45 333	2925	81	2 113 051	52 174	131	14 456 235	220 706
32	51 472	3217	82	2 219 347	54 130	132	14 902 727	225 799
33	58 214	3528	83	2 329 605	56 135	133	15 359 483	230 970
34	65 597	3859	84	2 443 920	58 189	134	15 826 658	236 219
35	73 662	4209	85	2 562 392	60 292	135	16 204 411	241 547
36	82 448	4580	86	2 685 120	62 445	136	16 792 899	246 954
37	91 998	4973	87	2 812 205	64 648	137	17 292 282	252 442
38	102 354	5387	88	2 943 748	66 903	138	17 802 721	258 010
39	113 561	5824	89	3 079 853	69 210	139	18 324 378	263 660
40	125 664	6283	**90**	3 220 623	71 569	**140**	18 857 416	269 392
41	138 709	6766	91	3 366 165	73 982	141	19 401 999	275 206
42	152 745	7274	92	3 516 586	76 448	142	19 958 294	281 103
43	167 820	7806	93	3 671 992	78 968	143	20 526 466	287 083
44	183 984	8363	94	3 832 492	81 542	144	21 006 684	293 148
45	201 289	8946	95	3 998 198	84 173	145	21 699 116	299 298
46	219 787	9556	96	4 169 220	86 859	146	22 303 933	305 533
47	239 531	10 193	97	4 345 671	89 601	147	22 921 307	311 855
48	260 576	10 857	98	4 527 664	92 401	148	23 551 409	318 262
49	282 979	11 550	99	4 715 315	95 259	149	24 194 414	324 757
50	306 796	12 272	**100**	4 908 738	98 175	**150**	24 850 496	331 340

Tabelle 5. Widerstandsmomente von Bauhölzern in cm³.

Breite in cm	Höhe in cm 6	7	8	9	10	12	14	16	18	20	22	24	26	28	30
6	36,0		64,0		100	144									
7		57,2	74,7		116	163	229								
8	48,0	65,3	**85,3**		**133**	192	261	341							
9				122	150	216	294	384	486						
10	60,0	81,7	**107**	135	**167**	**240**	327	427	540	**667**					
12	72,0	98,0	128	162	**200**	**288**	**392**	**512**	648	**800**	968	**1150**	**1350***		
14		115	149	189	233	**336**	457	597	**756**	933	1130	1340	1580	1830	
16			171	216	267	**384**	523	682	864	**1070**	1290	1540	1800	2090	2500
18				243	300	432	**588**	768	972	1200	1450	**1730**	2030	2350	2700
20					**333**	**480**	653	**853**	1080	1330	1610	**1920**	**2250**	2610	3000
22						528	719	939	1190	1470	1770				
24						**576**	784	1020	**1300**	**1600**		2300			
26						**624***	849	1110	1400	**1730**			2930		
28							915	1190	1510	1870				3660	
30								1280	1620	2000					4500

* Wird von der Reichsbahn nicht verwendet.

Querschnitte, wobei wieder sämtliche Trägheitsmomente auf dieselbe Achse bezogen werden müssen.

c) Das Trägheitsmoment J_x eines Querschnittes bezogen auf eine Achse XX, die der Schwerachse (S. 23) SS parallel läuft und von ihr den Abstand a hat, Abb. 32, ist um das Produkt aus der Fläche F des Querschnittes und dem Quadrate a^2 der Entfernung beider Achsen größer als das auf die Schwerachse SS bezogene Trägheitsmoment J_s, daher $J_x = J_s + F \cdot a^2$.

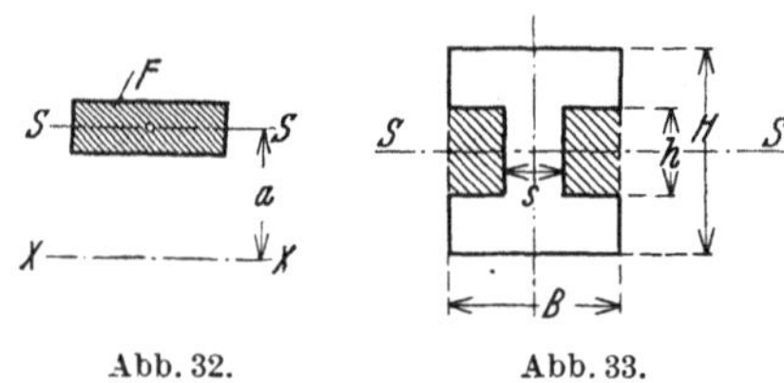

Abb. 32. Abb. 33.

1. Beispiel. Für den in Abb. 33 gezeichneten Querschnitt ist das Trägheitsmoment J, bezogen auf die Schwerachse SS zu bestimmen.

Der gesuchte Querschnitt kann als Differenz des Rechtecks mit den Seiten B und H und der beiden schraffierten Rechtecke aufgefaßt werden, welche die Breite $\frac{B-s}{2}$ und die Höhe h haben. Es ist daher nach Tabelle 3, Nr. 1:

$$J = \frac{BH^3}{12} - 2 \cdot \frac{\left(\frac{B-s}{2}\right) h^3}{12} = \frac{BH^3}{12} - \frac{(B-s)\, h^3}{12} = \frac{BH^3 - (B-s)\, h^3}{12}.$$

Die Peiner I-Eisen (DIN 1025) haben, wenn man die Abrundungen und Nietlöcher vernachlässigt, die Gestalt von Abb. 33. Für I P 30 ist $B = 30$ cm, $H = 30$ cm, $s = 1{,}2$ cm und $h = 26$ cm, mithin

$$J = \frac{30 \cdot 30^3 - 28{,}8 \cdot 26^3}{12} = \frac{810\,000 - 506\,200}{12} = 25\,300 \text{ cm}^4.$$

Nach dem DIN-Blatt ist der genaue Wert 25760 cm⁴.

2. Beispiel. Der in Abb. 34 gezeichnete Blechträger besteht aus einem Stehblech 500 · 10, 4 normalen Winkeleisen 80 · 80 · 10 und 2 Gurtplatten 200 · 10. Der Durchmesser der Nieten beträgt 20 mm. Bezogen auf die Schwerachse I ist nach den Sätzen a und b

$$J = J_{\text{Steblech}} + J_{\text{Winkel}} + J_{\text{Gurtplatten}} - J_{\text{Niete}}.$$

Es ist nach Tabelle 3, Nr. 1

$$J_{\text{Stehblech}} = \frac{1}{12} \cdot 1 \cdot 50^3 = 10\,417 \text{ cm}^4.$$

Zur Berechnung des Trägheitsmomentes der Winkel entnehmen wir dem DIN-Blatt 1028, daß das Trägheitsmoment $J_{S'}$ für ein Winkeleisen $80 \cdot 80 \cdot 10$, bezogen auf die durch den Schwerpunkt S' in Abb. 34 gehende waagerechte Achse gleich 87,5 cm⁴ ist, daß die Entfernung des Schwerpunktes S' von der Kante $e = 23{,}4$ mm beträgt und daß die Fläche F' eines Winkeleisens 15,1 cm² beträgt. Für ein Winkeleisen ist daher nach Satz c das auf die Achse I bezogene Trägheitsmoment $J_I = J_{S'} + F'(25 - e)^2 = 87{,}5 + 15{,}1 \cdot 22{,}66^2 = 87{,}5 + 7753{,}5 = 7841$ cm⁴; daher ist $J_{\text{Winkel}} = 4 \cdot J_I = 31364$ cm⁴. Den Querschnitt der beiden Gurtplatten kann man sich entstanden denken aus der Differenz eines Rechtecks mit den Seiten 20 und 52 cm und eines Rechtecks, das die Breite 20 cm und die Höhe 50 cm hat. Es ist daher

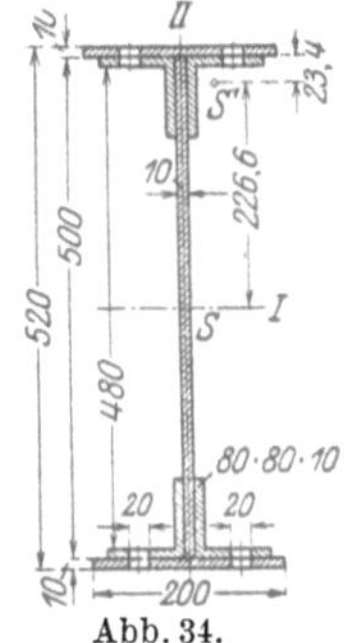

Abb. 34.

$$J_{\text{Gurtplatten}} = \frac{1}{12} \cdot 20 \cdot 52^3 - \frac{1}{12} \cdot 20 \cdot 50^3 = \frac{20}{12}(52^3 - 50^3)$$

$$= \frac{5}{3}(140\,608 - 125\,000) = 26\,013 \text{ cm}^4.$$

Die Fläche zweier Niete kann als die Differenz zweier Rechtecke von der Breite 2 cm und den Höhen 52 cm bzw. 48 cm aufgefaßt werden. Folglich ist

$$J_{\text{Niete}} = 2 \cdot \frac{1}{12} \cdot 2(52^3 - 48^3) = \frac{1}{3}(140\,608 - 110\,592) = 10\,005 \text{ cm}^4.$$

Mit diesen Werten wird

$$J = 10417 + 31364 + 26013 - 10005 = 57789 \text{ cm}^4.$$

Das Widerstandsmoment des Trägers ist $W = \frac{J}{26} = 2\,223$ cm³.

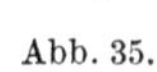

Abb. 35.

3. Beispiel. Das Trägheitsmoment eines Rechtecks von den Seiten b und h soll für die Grundlinie als Bezugsachse berechnet werden (Abb. 35). Nach Tabelle 3, Nr. 1 ist $J_s = \frac{b\,h^3}{12}$ und daher mit $a = \frac{h}{2}$ nach Satz c

$$J_x = J_s + F \cdot a^2 = \frac{b\,h^3}{12} + b\,h \cdot \left(\frac{h}{2}\right)^2 = \frac{b\,h^3}{12} + \frac{b\,h^3}{4} = \frac{b\,h^3 + 3\,b\,h^3}{12} = \frac{4\,b\,h^3}{12} = \frac{b\,h^3}{3}.$$

C. Der Freiträger.

1. Der Freiträger mit Einzellast am Ende (Abb. 36). Wie wir gezeigt haben, nimmt M seinen größten Wert $\max M = P \cdot l$ an der Einspannstelle an. Es ist daher

$$W_{erf} \geqq \frac{P\,l}{k_b}.$$

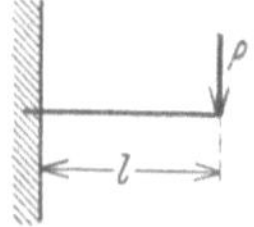

Abb. 36.

Beispiel. $l = 2$ m, $P = 60$ kg. Als Material wählen wir zunächst St 37 mit $k_b = 1200$ kg/cm². Es ist dann $W_{erf} \geqq \frac{60 \cdot 200}{1200} = 10$ cm³. a) Kreisförmiger Querschnitt. Nach Tabelle 4 ist für $d = 4{,}7$ cm $= 47$ mm das axiale Widerstandsmoment $W = 10{,}193$ cm³. Wir wählen nach DIN 3 $d = 48$ mm mit $W = 10{,}857$ cm³, so daß die größte Spannung

$$\max \sigma = \frac{\max M}{W} = \frac{60 \cdot 200}{10{,}857} = 1105 \text{ kg/cm}^2$$

wird. Es empfiehlt sich, zur Kontrolle stets die wirklich vorhandene größte Spannung zu berechnen. b) I-Profil, flach gestellt: ⟝⟞. Nach DIN 1025 genügt I 14 mit $W_y = 10{,}7$ cm³. Es ist $\max \sigma = \frac{60 \cdot 200}{10{,}7} = 1120$.

Als Material sei jetzt Holz mit $k_b = 100$ kg/cm² vorgeschrieben. Es muß $W_{erf} \geqq \frac{60 \cdot 200}{100} = 120$ cm³ sein. Nach Tabelle 5 wählen wir c) einen quadratischen Querschnitt $9 \cdot 9$ cm mit $W = 122$ cm³ und $\max \sigma = \frac{60 \cdot 200}{122} = 99$ kg/cm² oder d) ein Regelholz $8 \cdot 10$ cm mit $W = 133$ cm³ und $\max \sigma = \frac{60 \cdot 200}{133} = 90$ kg/cm².

2. Der Freiträger mit mehreren Einzellasten (Abb. 37). Auch hier liegt das größte Moment und daher der gefährliche Querschnitt an der Einspannstelle. Um das Biegungsmoment max M zu ermitteln, benutzen wir folgenden Satz: Wirken mehrere Kräfte, so ist das Biegungsmoment gleich der Summe der Momente der einzelnen Kräfte. Die Kraft P_1 hat von der Einspannstelle den Abstand $l_1 = 15$ cm; das Biegungsmoment M_1 von P_1 ist $M_1 = P_1 \cdot l_1 = 800 \cdot 15 = 12000$ cmkg. Die Kraft P_2 hat von der Einspannstelle den Abstand $l_2 = 15 + 25 = 40$ cm, es ist daher $M_2 = P_2 \cdot l_2 = 500 \cdot 40 = 20000$ cmkg. Ebenso ist $M_3 = P_3 \cdot l_3 = 700 \cdot 50 = 35000$ cmkg und daher nach dem angegebenen Satze

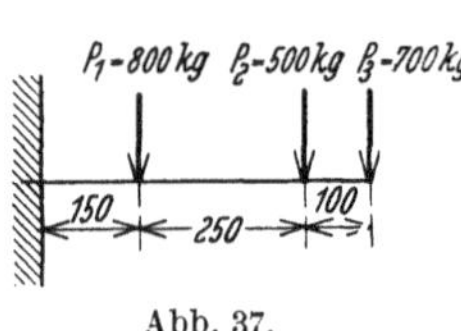

Abb. 37.

$$\max M = M_1 + M_2 + M_3 = 12000 + 20000 + 35000 = 67000 \text{ cmkg}.$$

Wir wählen einen Holzbalken mit quadratischem Querschnitt, für den $k_b = 100$ kg/cm² zulässig ist. Es muß dann

$$W_{erf} \geq \frac{\max M}{k_b} = \frac{67000}{100} = 670 \text{ cm}^3 \text{ sein.}$$

Ist h die Kantenlänge des quadratischen Querschnittes, so muß nach Tabelle 3 Nr. 3 $W = 670 = \frac{h^3}{6}$ sein. Es ist daher $h = \sqrt[3]{6 \cdot 670} = \sqrt[3]{4020} = 15{,}9$ cm. Wir wählen nach Tabelle 5 $h = 16$ cm; es wird dann die größte Spannung

$$\max \sigma = \frac{\max M}{W} = \frac{67000}{682} = 98 \text{ kg/cm}^2.$$

3. Der Freiträger mit gleichförmig verteilter Last (Abb. 38). Die Last wird in der Form p kg/cm angegeben, d. h. auf jeden cm des Trägers entfallen p kg. Ist dann l die Länge des Trägers in cm, so ist pl die gesamte Last, die sich gleichförmig über die ganze Länge des Trägers verteilt.

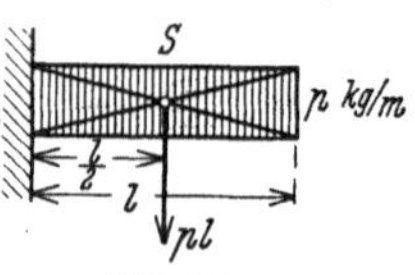

Abb. 38.

Es ist zu beachten, daß in den meisten Tabellen das Eigengewicht in kg/m, d. h. bezogen auf 1 m Trägerlänge angegeben wird. Der Wert der Tabelle ist dann durch 100 zu teilen, um p in kg/cm zu erhalten.

Nach einem bekannten Satz kann man sich diese Last im Schwerpunkt S vereinigt denken. Da dieser von der Einspannstelle, an der wieder der gefährliche Querschnitt liegt, den Abstand $\frac{l}{2}$ hat, so ist

$$\max M = p l \cdot \frac{l}{2} = \frac{p l^2}{2} \quad \text{und} \quad \max \sigma = \frac{\max M}{W} = \frac{p l^2}{2 W}.$$

Als Beispiel wählen wir wieder den Träger mit Einzellast, S. 29, $l = 2$ m, $P = 60$ kg, $k_b = 1200$ kg/cm², wollen aber diesmal das Eigengewicht berücksichtigen. Die Spannungen setzen sich dann aus den Spannungen σ_P zusammen, die durch die Last P hervorgerufen werden und den Spannungen σ_g infolge des Eigengewichtes. Es muß für den gefährlichen Querschnitt, d. h. für die Einspannstelle $\sigma_P + \sigma_g \leq k_b$ sein.

a) Kreisförmiger Querschnitt. Für $d = 48$ mm war $\sigma_P = 1105$ kg/cm². Um das Eigengewicht g für 1 cm Trägerlänge zu bestimmen, haben wir zunächst das Volumen V für 1 cm Trägerlänge zu ermitteln. Nach Tabelle 1 ist für $d = 4{,}8$ cm der Querschnitt $F = 18{,}10$ cm²; es wird $V = 18{,}10 \cdot 1 = 18{,}10$ cm³. Für Flußstahl ist aber $\gamma = 7{,}8$ g/cm³, d. h. 1 cm³ wiegt 7,8 g. Mithin ist $g = V \cdot \gamma = 18{,}10 \cdot 7{,}8 = 141$ g/cm $= 0{,}141$ kg/cm. Es ist daher

$$\sigma_g = \frac{g l^2}{2 W} = \frac{0{,}141 \cdot 200^2}{2 \cdot 10{,}857} = 260 \text{ kg/cm}^2 \quad \text{und} \quad \sigma_P + \sigma_g = 1105 + 260 = 1365 \text{ kg/cm}^2,$$

die Spannung ist zu groß.

Wir wählen daher als größeren Normaldurchmesser nach DIN 3 $d = 50$ mm mit $W = 12{,}27$ cm³, $F = 19{,}64$ cm², $g = 19{,}64 \cdot 7{,}8 = 153$ g/cm $= 0{,}153$ kg/cm; es wird

$$\sigma_P + \sigma_g = \frac{60 \cdot 200}{12{,}27} + \frac{0.153 \cdot 200^2}{2 \cdot 12{,}27} = 980 + 250 = 1230 \text{ kg/cm}^2.$$

Diese Spannung ist noch zu hoch, doch ist der Unterschied gegenüber k_b nur gering. Wir wählen daher nach DIN 3 $d = 52$ mm mit $W = 13{,}80$ cm³, $F = 21{,}24$ cm² und $g = 7{,}8 \cdot 21{,}24 = 166$ g/cm $= 0{,}166$ kg/cm. Es wird

$$\sigma_P + \sigma_g = \frac{60 \cdot 200}{13{,}80} + \frac{0{,}166 \cdot 200^2}{2 \cdot 13{,}80} = 870 + 240 = 1110 \text{ kg/cm}^2.$$

Dieser Wert ist kleiner als die zulässige Spannung. Es ist daher ein Durchmesser von 52 mm zu wählen.

b) I 14, flach gestellt mit $W_y = 10{,}7$ cm³ und $\sigma_P = 1120$ kg/cm². Nach DIN 1025 ist $g = 14{,}4$ kg/m $= 0{,}144$ kg/cm und daher $\sigma_g = \frac{g\,l^2}{2\,W_y} = \frac{0{,}144 \cdot 200^2}{2 \cdot 10{,}7} = 270$ kg/cm²; die größte Spannung wird daher $\max \sigma = \sigma_P + \sigma_g = 1120 + 270 = 1390$ kg/cm², sie ist größer als der zulässige Wert 1200 kg/cm².

Wir wählen daher als nächstgrößeres Profil I 16 mit $W_y = 14{,}8$ cm³ $g = 17{,}9$ kg/m $= 0{,}179$ kg/cm. Es wird

$$\sigma_P + \sigma_g = \frac{60 \cdot 200}{14{,}8} + \frac{0{,}179 \cdot 200^2}{2 \cdot 14{,}8} = 810 + 242 \approx 1050 \text{ kg/cm}^2,$$

das Profil reicht aus.

c) Mit $F = 9 \cdot 9 = 81$ cm² wird das Volumen für 1 cm Trägerlänge $V = 81 \cdot 1 = 81$ cm³, daher mit $\gamma = 0{,}9$ g/cm³ für feuchtes Kiefernholz $g = V \cdot \gamma = 81 \cdot 0{,}9 = 72{,}9$ g/cm $= 0{,}0729$ kg/cm. Mit $W = 122$ cm³ nach Tabelle 5 wird

$$\sigma_g = \frac{g\,l^2}{2\,W} = \frac{0{,}0729 \cdot 200^2}{2 \cdot 122} = 12 \text{ kg/cm}^2.$$

Die Gesamtspannung $99 + 12 = 111$ kg/cm² ist größer als k_b, es muß daher ein Profil mit größerem Widerstandsmoment gewählt werden. Nach Tabelle 5 wählen wir einen Querschnitt $12 \cdot 8$ cm mit $W = 128$ cm³. Es ist $F = 12 \cdot 8 = 96$ cm², $V = 96 \cdot 1 = 96$ cm³, $g = 96 \cdot 0{,}9 = 86{,}4$ g/cm $= 0{,}0864$ kg/cm; daher wird

$$\sigma_P + \sigma_g = \frac{60 \cdot 200}{128} + \frac{0{,}0864 \cdot 200^2}{2 \cdot 128} = 94 + 13{,}5 = 107{,}5 \text{ kg/cm}^2.$$

Wir wählen d) ein Profil $8 \cdot 10$ cm mit $W = 133$ cm³ und $\sigma_P = 90$ kg/cm² (S. 29). Entsprechend $F = 8 \cdot 10 = 80$ cm² wird $g = 80 \cdot 0{,}9 = 72$ g/cm $= 0{,}072$ kg/cm und

$$\sigma_g = \frac{0{,}072 \cdot 200^2}{2 \cdot 133} = 11 \text{ kg/cm}^2.$$

Die Gesamtspannung $90 + 11 = 101$ kg/cm² ist nur um 1% größer als der zulässige Wert $k_b = 100$ kg/cm², so daß das Profil $8 \cdot 10$ als ausreichend erachtet werden kann.

D. Der Träger auf zwei Stützen. Allgemeines.

1. Auflagerkräfte. Der Träger Abb. 39a sei durch die Kräfte P_1, P_2 und P_3 belastet und in den Punkten A und B gelagert. Wir wollen untersuchen, welche Kräfte auf den Träger ausgeübt werden. Zu diesem Zweck machen wir ihn „frei“, indem wir die Stützen oder Auflager entfernen (Abb. 39b). Wir erkennen, daß der Träger nicht im Gleichgewicht ist, da er sich unter der Wirkung der Kräfte P_1, P_2 und P_3 nach unten bewegen würde. Um das Gleichgewicht wiederherzustellen, müssen wir an dem Träger in den Punkten A und B die Kräfte anbringen, welche die Auflager auf den Träger ausgeübt haben. Diese Kräfte heißen **Auflagerkräfte**. Nach dem Grundsatz von Wirkung und Gegenwirkung (Aktion und Reaktion) sind sie der Größe nach gleich den Kräften, die auf die Lager wirken, aber entgegengesetzt gerichtet.

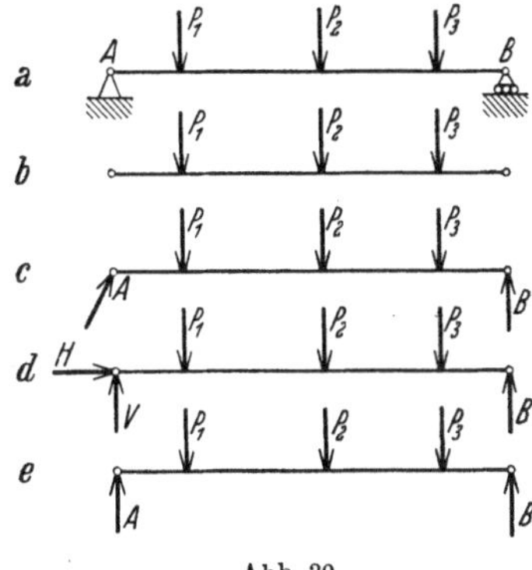

Abb. 39.

Bei einem festen Lager (Abb. 40) kann die belastende Kraft P ganz beliebig gerichtet sein. Die Auflagerkraft A, d. h. die Kraft, welche die stützende Fläche auf das Lager ausübt, wirkt daher schräg nach oben. Für die Rechnung ist es zweckmäßig, A durch zwei Kräfte H und V zu ersetzen, die dieselbe Wirkung wie A ausüben; hierbei soll H waagerecht, V senkrecht gerichtet sein.

Ein bewegliches Lager (Abb. 41) kann nur Kräfte in senkrechter Richtung aufnehmen. Daher ist A senkrecht nach oben gerichtet. In beiden Fällen ist die Größe von A gleich der Größe der Last P.

Der Träger (Abb. 39) hat in A ein festes, in B ein bewegliches Lager; sind beide Lager fest, so ist die Rechnung bedeutend schwieriger.

2. Gleichgewichtsbedingungen. Fügen wir zu den Lasten (Abb. 39b) die Auflagerkräfte A und B hinzu (Abb. 39c) — wobei A gemäß Abb. 40 schräg nach oben, B entsprechend Abb. 41 senkrecht nach oben gerichtet ist —, so sind die auf den Träger wirkenden Kräfte angebracht; sie müssen im Gleichgewicht sein, da der Träger sich nicht bewegt. Daher ist es erlaubt, auf die in Abb. 39c gezeichneten Kräfte die „Gleichgewichtsbedingungen" anzuwenden, d. h. die Sätze, welche die Bedingungen angeben, unter denen Kräfte im Gleichgewicht sind. Bevor dies geschehen kann, müssen aber alle schräg wirkenden Kräfte durch waagerechte und senkrechte Kräfte ersetzt werden. Gemäß Abb. 40 ersetzen wir die Auflagerkraft A durch die Kräfte H und V (Abb. 39d); die Kräfte H und V werden die Komponenten von H genannt.

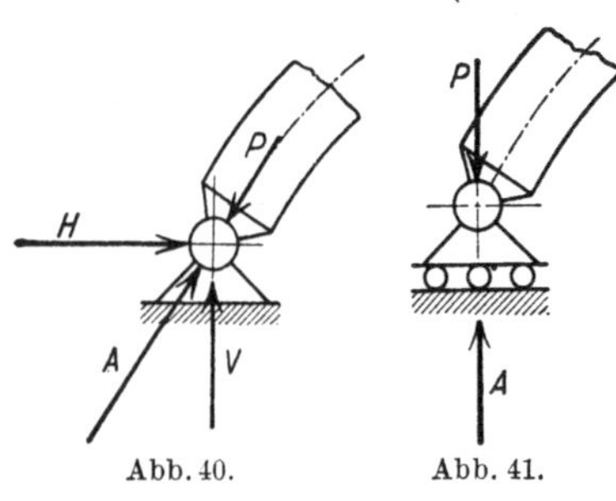

Abb. 40. Abb. 41.

Die Gleichgewichtsbedingungen bestehen aus drei Sätzen. Zunächst müssen die waagerecht wirkenden Kräfte für sich im Gleichgewicht sein. In Abb. 30d wirkt H als einzige waagerechte Kraft; daher muß H gleich Null sein. Die Auflagerkraft im linken Lager ist senkrecht nach oben gerichtet und wird im folgenden mit A bezeichnet (Abb. 39e).

Nach der zweiten Gleichgewichtsbedingung müssen auch die senkrecht wirkenden Kräfte für sich im Gleichgewicht sein. Die Kräfte, die senkrecht nach oben wirken, müssen ebenso groß sein wie die Kräfte, die senkrecht nach unten gerichtet sind; nach Abb. 39e ist daher $A + B = P_1 + P_2 + P_3$. Eine zweite Beziehung zwischen A und B ergibt die dritte Gleichgewichtsbedingung, die auch Momentengleichung genannt wird. Diese besagt: Wird ein beliebiger Punkt des Trägers, z. B. das Auflager A, als Drehpunkt gewählt, so ist die Summe der Momente aller Kräfte gleich Null. Hierbei ist, wie auf S. 25, das Moment einer Kraft gleich dem Produkt aus der Größe der Kraft und dem Abstand der Kraft von dem gewählten Drehpunkt; z. B. ist in Abb. 42 das Moment der Kraft P_2, bezogen auf den Punkt A als Drehpunkt, gleich $P_2 \cdot a_2$.

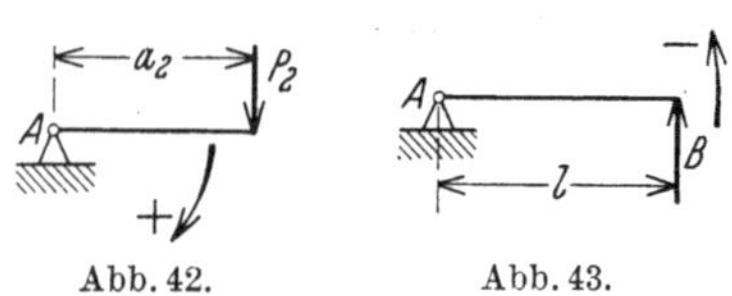

Abb. 42. Abb. 43.

Wir müssen aber beachten, daß die Kräfte in verschiedenem Drehsinn um den Punkt A drehen. Denkt man sich den Punkt A als festen Drehpunkt nach Abb. 42 ausgebildet, so ruft die allein wirkende Kraft P_2 eine Drehung des Trägers in demjenigen Drehsinn hervor, welcher der Bewegung des Uhrzeigers entspricht. Allen Momenten, deren Kräfte im Sinne des Uhrzeigers drehen, geben wir bei Bildung der Momentengleichung das Vorzeichen $+$. Wir erkennen, daß die Momente der Kräfte P_1, P_2 und P_3 in Abb. 39a das Vorzeichen $+$ erhalten.

Die Auflagerkraft B wirkt aber, wenn wieder A als Drehpunkt gewählt wird, entsprechend Abb. 43 entgegen der Bewegung des Uhrzeigers. Allen Momenten, deren Kräfte entgegen der Bewegungsrichtung des Uhrzeigers drehen, geben wir das Vorzeichen —. Es ist daher das Moment der Kraft B gleich $-B \cdot l$.

Daher lautet die Momentengleichung für den Punkt A als Drehpunkt gemäß Abb. 39e: $P_1 \cdot a_1 + P_2 \cdot a_2 + P_3 \cdot a_3 - B \cdot l = 0$. Aus dieser Gleichung läßt sich B berechnen, weil es die einzige unbekannte Kraft ist. Es ist

$$B \cdot l = P_1 \cdot a_1 + P_2 \cdot a_2 + P_3 \cdot a_3 \quad \text{oder} \quad B = \frac{P_1 a_1 + P_2 a_2 + P_3 a_3}{l}.$$

Ist B berechnet, so kann A aus der Gleichung $A + B = P_1 + P_2 + P_3$, S. 32, ermittelt werden. Es ist $A = P_1 + P_2 + P_3 - B$.

3. Biegungsmoment. Soll das Biegungsmoment für eine beliebige Stelle des Trägers, z. B. für den zwischen den Kräften P_1 und P_2 liegenden Punkt C, berechnet werden, der von A die Entfernung x hat, so denken wir uns nach Abb. 44b den rechts von C liegenden Teil des Trägers eingespannt und bestimmen, unter Beachtung des Vorzeichens, das Biegungsmoment der links von C wirkenden Kräfte. Das Biegungsmoment für den Punkt C ist $M_C = Ax - P_1(x - a_1)$. Wir wollen einen zweiten Ausdruck für M_C ermitteln. Zu diesem Zweck schreiben wir die Momentengleichung für den Punkt C des Trägers an. Nach Abb. 44a ist, weil die Kräfte A, P_2 und P_3 im Sinne des Uhrzeigers, P_1 und B entgegengesetzt um den Punkt C drehen:

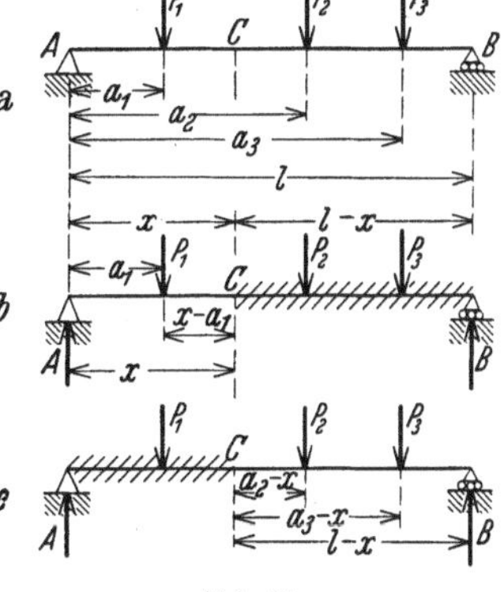

Abb. 44.

$$Ax - P_1(x - a_1) + P_2(a_2 - x) + P_3(a_3 - x) - B(l - x) = 0.$$

Hieraus folgt

$$Ax - P_1(x - a_1) = B(l - x) - P_3(a_3 - x) - P_2(a_2 - x).$$

Die linke Seite der Gleichung ist gleich M_C; daher ist auch die rechte Seite gleich M_C: $M_C = B(l - x) - P_3(a_3 - x) - P_2(a_2 - x)$. Diese Beziehnung kann folgendermaßen gedeutet werden: Das Biegungsmoment M_C im Punkte C kann nach Abb. 44c auch dadurch ermittelt werden, daß man sich den links von C liegenden Teil des Trägers eingespannt denkt und das Biegungsmoment der rechts von C wirkenden Kräfte anschreibt. Nur muß man — im Gegensatz zu Abb. 42 und 43 — den Momenten, deren Kräfte im Drehsinn des Uhrzeigers wirken, das Vorzeichen — geben und den Momenten, deren Kräfte entgegen der Bewegung des Uhrzeigers um C drehen, das Vorzeichen $+$.

Gemeinsam für beide Betrachtungen gelten nach Abb. 45 folgende Vorzeichenregeln: Biegt die Kraft den Träger nach oben durch, so erhält das entsprechende Moment das Vorzeichen $+$; biegt die Kraft den Träger nach unten durch, so erhält das Biegungsmoment das Vorzeichen —.

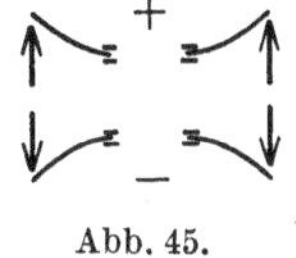

Abb. 45.

4. Querkraft. Es wird sich als zweckmäßig erweisen, neben dem biegenden Moment auch die Querkraft Q für jede Stelle des Trägers zu ermitteln. Nach S. 21 ist die Querkraft diejenige Schubkraft, die in dem betrachteten Querschnitt wirkt und beide Trägerteile, die als starr betrachtet werden, gegeneinander zu verschieben sucht. Um die Richtung von Q eindeutig festzulegen, denken wir uns grundsätzlich den rechten Trägerteil nach Abb. 44b eingespannt. Für den Punkt C ist dann die Querkraft, die den linken Teil nach oben zu verschieben sucht, weil A größer als P_1 ist: $Q = A - P_1$. Zwischen A und P_1 ist $Q = A$; zwischen P_2 und P_3 ist $Q = A - P_1 - P_2$; zwischen P_3 und B ist $Q = A - P_1 - P_2 - P_3$. Die Querkraft ist daher gleich der links von dem betrachteten Querschnitt wirkenden Kräfte, wobei die nach oben gerichteten Kräfte das Vorzeichen +, die nach unten gerichteten das Vorzeichen — erhalten.

E. Der Träger auf zwei Stützen mit Einzellast.

1. Längenmaßstab. Der in Abb. 46a gezeichnete Träger hat eine Stützweite $l = 9$ m und wird durch eine Last $P = 900$ kg beansprucht, die von A die Entfernung $a = 6$ m, von B die Entfernung $b = 3$ m hat. Wir wollen eine Zeichnung entwerfen, die es gestattet, die Größe der Querkraft Q und des Biegungsmomentes M für jede Stelle des Trägers zu bestimmen. Die ungefähre Größe des Zeichenblattes kann nach dem in Abb. 46e angegebenen Maßstab geschätzt werden.

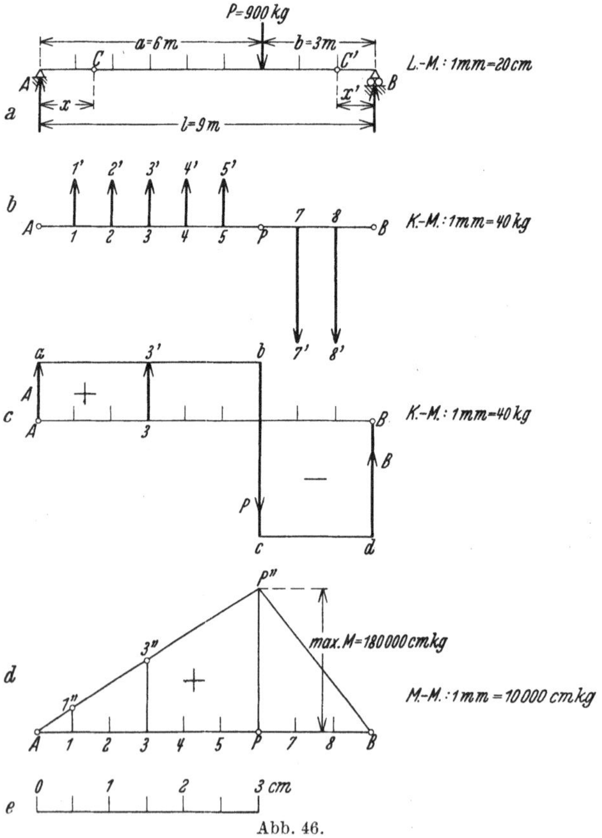

Da es nicht möglich ist, den Träger in den natürlichen Abmessungen darzustellen, so müssen wir ihn in verkleinerter Größe aufzeichnen. Zu diesem Zweck müssen wir einen Längenmaßstab (Abkürzung L.M.) wählen, der zweckmäßig stets in der Form 1 mm = a cm angegeben wird; 1 mm der Zeichnung soll einer wahren Länge von a cm entsprechen. Wir wählen also L.M.: 1 mm = 20 cm, so daß die Länge l des Trägers durch eine Strecke von 4,5 cm dargestellt wird, Abb. 46a.

Abb. 46.

2. Auflagerkräfte. Jetzt müssen wir die Auflagerkräfte A und B berechnen. Die Momentengleichung für den Punkt A lautet $P \cdot a - l \cdot B = 0$; es ist daher, wenn a und l in cm eingesetzt werden,

$$B = \frac{P \cdot a}{l} = \frac{900 \cdot 600}{900} = 600 \text{ kg}.$$

Schreiben wir die Momentengleichung für den Punkt B als Drehpunkt an, so wird $A \cdot l - P \cdot b = 0$, woraus sich

$$A = \frac{P \cdot b}{l} = \frac{900 \cdot 300}{900} = 300 \text{ kg}$$

ergibt. Zur Kontrolle prüfen wir, ob nach der zweiten Gleichgewichtsbedingung, S. 32, $A + B = P$ ist; diese Gleichung ist erfüllt, weil 300 kg + 600 kg = 900 kg ist.

3. Querkraftfläche. In Abb. 46b soll jetzt die Querkraft Q für jeden Punkt des

Trägers dargestellt werden. Senkrecht unter Abb. 46a ziehen wir zunächst eine waagerechte Linie AB und ermitteln den Punkt *1*, der von A den Abstand 1 m hat. Die Querkraft in diesem Punkte ist $Q = A = + 300$ kg, weil links von dem betrachteten Querschnitt nur die Kraft A wirkt. Wir wollen nun vom Punkt *1* in Richtung der Querkraft, d. h. senkrecht nach oben, eine Strecke *1 1'* abtragen, deren Länge die Größe der Querkraft darstellen soll. Zu diesem Zweck wählen wir einen Kräftemaßstab (Abkürzung K.M.), den wir stets in der Form 1 mm $= b$ kg angeben, wodurch wir ausdrücken wollen, daß 1 mm Zeichenlänge einer Kraft b kg entspricht. In Abb. 46b wählen wir als K.M.: 1 mm $=$ 40 kg, so daß die Strecke *1 1'*, die der Querkraft 300 kg entspricht, 7,5 mm lang wird. Der gezeichnete Pfeil gibt an, daß die Querkraft nach oben gerichtet ist.

In derselben Weise wird für die Punkte *2*, *3*, *4* und *5*, die von A den Abstand *2*, *3*, *4* und *5* m haben, die Querkraft errechnet und durch die Strecken *2 2'*, *3 3'* usw. zeichnerisch dargestellt. Da die Querkraft zwischen A und P unveränderlich gleich $+$ 300 kg ist, so liegen die Punkte *1'*, *2'*, *3'*, *4'* und *5'* auf einer Parallelen zur Linie AB.

Für eine zwischen P und B liegende Stelle des Trägers ist die Querkraft $Q = A - P = 300 - 900 = - 600$ kg. Da P größer als A ist, so ist Q nach unten gerichtet, die Querkraft sucht den linken Trägerteil gegenüber dem eingespannten rechten Trägerteil nach unten zu verschieben. Die Querkraft ist nach oben gerichtet, wenn sie das Vorzeichen $+$ hat, nach unten, wenn sie das Vorzeichen $-$ hat.

Dementsprechend ist die Querkraft in den Punkten *7* und *8*, die von A den Abstand 7 und 8 m haben, nach unten gerichtet. In diesen Punkten werden daher die Strecken *7 7'* $=$ *8 8'* senkrecht nach unten abgetragen; weil 1 mm einer Kraft 40 kg entspricht und $Q = - 600$ kg ist, müssen diese Strecken die Länge 15 mm haben.

Die Querkraft im Punkte P kann nicht angegeben werden. Unmittelbar links von P ist $Q = + 300$ kg, unmittelbar rechts von P ist $Q = - 600$ kg. Im Angriffspunkt der Kraft P springt die Querkraft ohne Übergang von dem Wert $+$ 300 kg auf den Wert $-$ 600 kg; sie wechselt dort ihr Vorzeichen.

Wird die Querkraft für weitere Punkte des Trägers Abb. 46 zeichnerisch dargestellt, so liegen alle senkrechten Strecken in einer Fläche, die Querkraftfläche heißt und in Abb. 46c gezeichnet werden soll. Zu diesem Zweck wird auf der Geraden AB in A eine Senkrechte errichtet und die Auflagerkraft 300 kg nach Größe und Richtung bis zum Punkte a abgetragen. Durch a wird eine waagerechte Linie ab bis zur Wirkungslinie von P gezogen. Von b aus wird nach Größe und Richtung die Kraft P bis zum Punkte c abgetragen. Durch c wird eine waagerechte Linie gelegt, welche die Wirkungslinie der Kraft B im Punkte d schneidet. Schließlich wird von d aus die Kraft B nach Größe und Richtung abgetragen. Der Endpunkt dieser Strecke muß, wenn die Konstruktion richtig durchgeführt wird, mit dem Endpunkt der Linie zusammenfallen. Der gebrochene Linienzug $A\,a\,b\,c\,d\,B$ heißt Querkraftlinie. Die Abb. 46b dient nur dazu, den Begriff der Querkraftfläche zu erläutern und wird in Wirklichkeit nicht gezeichnet.

Soll jetzt die Größe der Querkraft für einen beliebigen Punkt des Trägers, z. B. den Punkt *3*, mit Hilfe der Querkraftfläche (Abb. 46c) ermittelt werden, so braucht in *3* nur eine Senkrechte errichtet zu werden, welche die Querkraftlinie im Punkte *3'* schneiden möge. Die Länge der Strecke *3 3'* wird gemessen und ergibt mit Hilfe des Kräftemaßstabes, der stets in der Zeichnung angegeben werden muß, die Größe der Querkraft.

Um die Richtung und das Vorzeichen der Querkraft zu bestimmen, ist es zweckmäßig, den Teilen der Querkraftfläche, die oberhalb von AB liegen, das Zeichen $+$ zu geben, den Teilen unterhalb von AB das Vorzeichen —. Das Vorzeichen von Q stimmt dann mit dem Vorzeichen desjenigen Teiles der Querkraftfläche überein, in dem die Senkrechte errichtet wird. Die Richtung der Querkraft ist nach S. 33 zu ermitteln.

4. Momentenfläche. Wir wollen jetzt die Biegungsmomente berechnen und zeichnerisch darstellen. Für einen beliebigen Punkt C des Trägers, der zwischen A und P liegt und von A den Abstand x hat, Abb. 46a, ist $M = A \cdot x = 300 \cdot x$. Für

Punkt A ist $x = 0$ cm und daher $M = 300 \cdot 0 = 0$ cmkg,
Punkt *1* ist $x = 100$ cm und daher $M = 300 \cdot 100 = + 30000$ cmkg,
Punkt *2* ist $x = 200$ cm und daher $M = 300 \cdot 200 = + 60000$ cmkg.

Das Biegungsmoment ist im Punkt A gleich Null und wird um so größer je größer x gewählt wird. Für P ist $x = 600$ und daher $M = 300 \cdot 600 = 180000$ cmkg. Wir berechnen jetzt das Biegungsmoment für einen Punkt C', der zwischen P und B liegt und von B den Abstand x' hat, Abb. 46a.

Nach Abb. 45 ist das Biegungsmoment positiv und hat die Größe $M = B \cdot x' = 600 \cdot x'$. Für

Punkt B ist $x' = 0$ cm und daher $M = 600 \cdot 0 = 0$ cmkg,
Punkt *8* ist $x' = 100$ cm und daher $M = 600 \cdot 100 = 60000$ cmkg,
Punkt *7* ist $x' = 200$ cm und daher $M = 600 \cdot 200 = 120000$ cmkg,
Punkt P ist $x' = 300$ cm und daher $M = 600 \cdot 300 = 180000$ cmkg,

wie bereits ermittelt. Zwischen P und B wird das Biegungsmoment um so größer, je näher der Punkt bei P liegt. Hieraus folgt, daß das größte Biegungsmoment $\max M = 180000$ cmkg ist und daß der gefährliche Querschnitt im Angriffspunkt der Last liegt.

Wir wollen jetzt die Biegungsmomente in ähnlicher Weise wie die Querkräfte durch Strecken darstellen. Dem Momentenmaßstab (Abkürzung M.M.) geben wir die Form 1 mm $= c$ cmkg, d. h. einer Strecke von 1 mm sollen c cmkg entsprechen. In Abb. 46d wählen wir 1 mm $= 10000$ cmkg. Wir zeichnen zunächst wieder die Linie AB mit den Zwischenpunkten *1*, *2*, *3* usw. Im Punkte *1* ist $M = 30000$ cmkg. Auf Grund des gewählten Momentenmaßstabes entspricht diesem Wert eine Strecke von 3 mm. Diese Strecke tragen wir in Abb. 46d vom Punkte *1* bis zum Punkte *1''* in senkrechter Richtung ab, und zwar nach oben, weil das Biegungsmoment das Vorzeichen $+$ hat. In derselben Weise verfährt man bei allen übrigen Punkten. Alle Strecken sind nach oben abzutragen, weil alle Biegungsmomente positiv sind. Das größte Biegungsmoment wird durch die Strecke $P\,P'' = 180000 : 10000 = 18$ mm dargestellt.

Denkt man sich die Konstruktion für weitere Punkte durchgeführt, so ergibt sich wieder eine Fläche, die Momentenfläche, welche die Form eines Dreiecks hat. Die beiden Linien AP'' und $P''B$, welche die Momentenfläche nach oben begrenzen, bilden die Momentenlinie. Um das Biegungsmoment für einen beliebigen Punkt des Trägers, z. B. den Punkt *3* zu ermitteln, braucht man nur in *3* eine Senkrechte zu errichten, welche die Momentenlinie in *3''* schneiden möge. Die Strecke *3 3''* ergibt, im Momentenmaßstab gemessen, die Größe des Biegungsmomentes. Das Vorzeichen des Biegungsmomentes ist wieder unmittelbar der Zeichnung zu entnehmen, wenn den Flächen, die oberhalb der Linie AB liegen, das Zeichen $+$, den Flächen unterhalb der Linie AB das Zeichen — gegeben wird.

5. Größtes Biegungsmoment. Aus Abb. 46d ist zu ersehen, daß das Biegungsmoment für diejenige Stelle des Trägers seinen größten Wert erreicht, für welche die Querkraft das Vorzeichen wechselt. Dieser Satz gilt ganz allgemein und gestattet die unmittelbare Ermittlung des gefährlichen Querschnittes mit Hilfe der Querkraftfläche. Ganz allgemein gilt ferner der Satz, daß der gefährliche Querschnitt stets im Angriffspunkt einer Kraft liegt.

Hat die Kraft P nach Abb. 46a von A den Abstand a, von B den Abstand b, so ist mit

$$A = \frac{P \cdot b}{l} \text{ (S. 34)}: \max M = A \cdot a = \frac{P \cdot a \cdot b}{l};$$

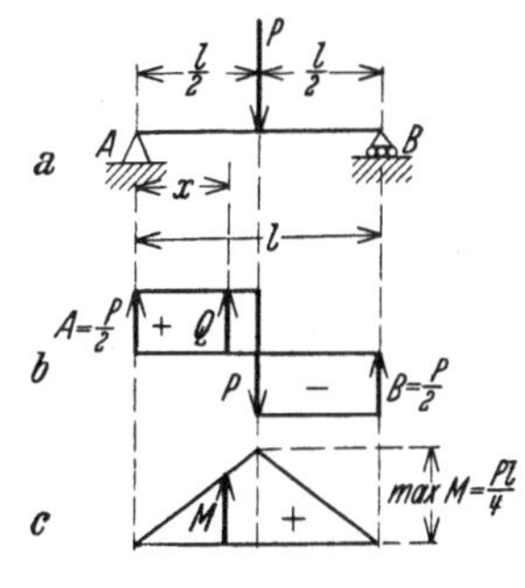

Abb. 47.

wirkt die Last P in der Mitte des Trägers, so ist mit

$$a = b = \frac{l}{2}: \max M = \frac{P \cdot \frac{l}{2} \cdot \frac{l}{2}}{l} = \frac{Pl}{4};$$

die Momentenfläche ist ein gleichschenkliges Dreieck mit der Höhe $\frac{Pl}{4}$ (Abb. 47c). In unserem Beispiel ist mit $P =$ 900 kg, $a = 600$ cm, $b = 300$ cm und $l = 900$ cm $\max M = \frac{900 \cdot 600 \cdot 300}{900} = 180000$ cmkg, wie bereits ermittelt. Das erforderliche Widerstandsmoment folgt nach S. 25 aus

$$W_{erf} \geqq \frac{\max M}{k_b} = \frac{P \cdot a \cdot b}{l \cdot k_b} = \frac{180000}{k_b}.$$

6. Berechnung der erforderlichen Querschnitte. Werkstoff: St 37 mit $k_b =$ 1200 kg/cm² erfordert $W \geqq \frac{180000}{1200} = 150$ cm³. a) Rundeisen. $d = 11{,}6$ cm hat nach Tabelle 4 ein Widerstandsmoment $W = 153{,}214$ cm³, reicht daher aus. Wir wählen nach DIN 3 als nächst größeren Normaldurchmesser $d = 120$ mm. Die größte auftretende Spannung wird dann $\max \sigma = \frac{\max M}{W} = \frac{180000}{169{,}6} = 1065$ kg/cm²; sie ist kleiner als die zulässige Spannung $k_b = 1200$ kg/cm².

b) I-Träger. Nach DIN 1025 genügt I 18 mit $W_x = 161$ cm³. Es wird $\max \sigma = \frac{180000}{161} = 1120$ kg/cm².

c) [-Eisen. Nach DIN 1026 genügt [18 mit $W_x = 150$ cm³. Die größte Spannung ist gleich k_b.

d)][-Eisen. Das erforderliche Widerstandsmoment ist für jedes [-Eisen $\frac{150}{2} = 75$ cm³. Nach DIN 1026 sind zwei [-Eisen [14 mit $W = 2 \cdot 86{,}4 = 172{,}8$ cm³ zu wählen. Es ist $\max \sigma = \frac{180000}{172{,}8} = 1040$ kg/cm².

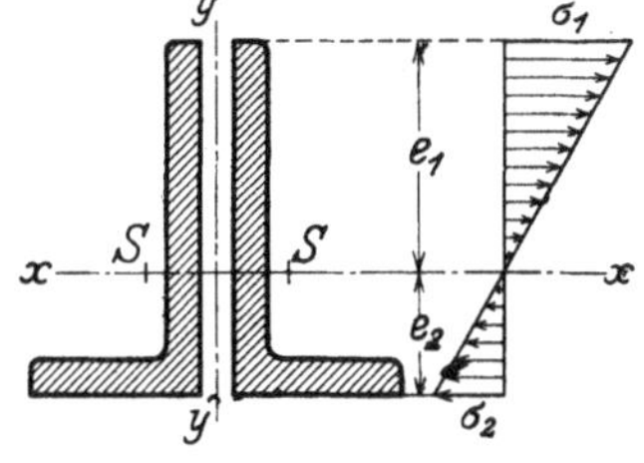

Abb. 48.

e)]L-Eisen. Dieser Querschnitt ist nach Abb. 48 zwar symmetrisch zur senkrechten, aber nicht zur waagerechten Achse durch den Schwerpunkt; die Abstände e_1 und e_2 der äußersten Faser von der neutralen Faser sind verschieden groß. Nach S. 25 hat daher die Festigkeitsrechnung auf Grund der Formeln

$$\frac{M}{W_1} \leqq k \quad \text{und} \quad \frac{M}{W_2} \leqq k_z$$

zu erfolgen. Da $W_1 = \frac{J}{e_1}$ und $W_2 = \frac{J}{e_2}$, S. 25, ferner $e_1 > e_2$ ist, so wird $W_1 < W_2$, die Druckspannung $\frac{M}{W_1}$ der obersten Faser ist größer als die Zugspannung $\frac{M}{W_2}$ der untersten Faser. Für Flußstahl sind die zulässigen Spannungen $k_z = k$ gleich k_b; wir brauchen daher nur die Bedingung $\frac{M}{W_1} \leqq k_b$ mit $W_1 = \frac{J}{e_1}$ zu berücksichtigen.

Ist J_x das Trägheitsmoment eines ⊾-Eisen, bezogen auf die in Abb. 48 gezeichnete waagerechte Schwerachse xx, so ist $J = 2\,J_x$; ist ferner $W_x = \frac{J_x}{e_1}$, so wird $W_1 = \frac{J}{e_1} = \frac{2 J_x}{e_1} = 2\,W_x$; mithin muß

$$\frac{M}{2\,W_x} \leqq k_b \quad \text{oder} \quad W_{x\,erf} \geqq \frac{M}{2\,k_b} = \frac{180\,000}{2 \cdot 1200} = 75 \text{ cm}^3$$

sein. Nach DIN 1029 wählen wir zwei ungleichschenklige Winkeleisen ⊾ 75·170·12 mit $W_x = 78{,}0$ cm³, $J_x = 834$ cm⁴, $e_1 = 10{,}7$ cm und $e_2 = 6{,}3$ cm. Es wird die größte Druckspannung

$$\sigma_1 = \frac{\max M}{W_1} = \frac{\max M}{2\,W_x} = \frac{180\,000}{2 \cdot 78{,}0} = 1150 \text{ kg/cm}^2,$$

die größte Zugspannung

$$\sigma_2 = \frac{\max M}{W_2} = \frac{\max M\, e_2}{J} = \frac{\max M\, e_2}{2 \cdot J_x} = \frac{180\,000 \cdot 6{,}3}{2 \cdot 834} = 680 \text{ kg/cm}^2.$$

Zur Kontrolle überzeuge man sich, daß tatsächlich $W_x = \frac{J_x}{e_1}$ ist.

1. Beispiel. Als Profil werde der in Abb. 34 gezeichnete Blechträger gewählt, der nach S. 29 ein Widerstandsmoment $W = 2223$ cm³ hat. Der Belastungsfall soll Abb. 46a mit $a = 8$ m und $b = 10$ m entsprechen. Wie groß darf die Last P gewählt werden, wenn die zulässige Biegespannung für St 37 den Wert $k_b = 1200$ kg/cm² nicht überschreiten soll?

Nach S. 37 ist mit $l = a + b = 18$ m

$$\max M = \frac{P \cdot a \cdot b}{l} = \frac{P \cdot 800 \cdot 1000}{1800} = 445\,P.$$

Es muß nach S. 25 $\frac{M}{W} \leqq k_b$ sein oder

$$\frac{445\,P}{2223} \leqq 1200; \quad P \leqq \frac{1200 \cdot 2223}{445} = 6000 \text{ kg} = 6 \text{ t}.$$

Die Last P darf höchstens gleich 6 t gewählt werden.

2. Beispiel. Eine Welle nach Abb. 46a trage in der Entfernung $a = 0{,}5$ m vom Lager A ein Schwungrad vom Gewicht $P = 5000$ kg. Das größte Biegungsmoment ist bei einer Lagerentfernung $l = 1{,}2$ m

$$\max M = \frac{P \cdot a \cdot b}{l} = \frac{5000 \cdot 50 \cdot 70}{120} = 145\,500 \text{ cmkg}.$$

Als Baustoff werde St 42.11 gewählt. Die Welle ist nach Belastungsfall III beansprucht, weil die äußersten Fasern bei jeder Umdrehung gleich hohe Zug- und Druckspannungen erfahren. Nach Tabelle 2 wird $\sigma_W \approx$ (angenähert gleich) 2300 kg/cm² geschätzt. Mit $\mathfrak{S} = 3$ (S. 16) würde sich $k_b = \frac{2300}{3} \approx 750$ kg/cm² ergeben. Mit Rücksicht darauf, daß die Schwächung durch die Keilnut und die auftretende Verdrehungsbeanspruchung vernachlässigt werden, soll $k_b = 400$ kg/cm² gewählt werden. Es ist dann

$$W_{erf} \geqq \frac{\max M}{k_b} = \frac{145\,500}{400} = 364 \text{ cm}^3.$$

Diesem Wert entspricht nach Tabelle 4 ein Durchmesser $d = 15{,}6$ cm. Als genormten nächst größeren Wellendurchmesser wählen wir nach DIN 3 $d = 160$ mm, so daß

$$\max \sigma = \frac{\max M}{W} = \frac{145\,500}{402{,}1} = 360 \text{ kg/cm}^2 \text{ wird.}$$

F. Der Träger auf zwei Stützen mit mehreren Einzellasten.

Der in Abb. 49 gezeichnete Träger sei mit den Kräften $P_1 = 300$ kg, $P_2 = 700$ kg und $P_3 = 1200$ kg belastet.

1. Rechnerische Ermittlung der Querkraft- und Momentlinie. Bezogen auf A sind die Hebelarme der Kräfte mit den in Abb. 49a gegebenen Abmessungen: $a_1 = 40$ cm; $a_2 = 70$ cm; $a_3 = 120$ cm. Es ist daher nach S. 33

$$B = \frac{P_1 a_1 + P_2 a_2 + P_3 a_3}{l} = \frac{300 \cdot 40 + 700 \cdot 70 + 1200 \cdot 120}{150}$$

$$= 300 \cdot \frac{40}{150} + 700 \cdot \frac{70}{150} + 1200 \cdot \frac{120}{150} = 80 + 326 + 960 = 1366 \text{ kg}.$$

Aus $A + B = P_1 + P_2 + P_3 = 2200$ kg folgt $A = 2200 - B = 2200 - 1366 = 834$ kg. Die Querkraftfläche ist in Abb. 49b gezeichnet. Zwischen A und *1* ist $Q = A = 834$ kg; zwischen *1* und *2* ist $Q = A - P_1 = 834 - 300 = 534$ kg usw. Die Querkraft wechselt bei *2* das Vorzeichen; an dieser Stelle liegt daher das größte Biegungsmoment. Es ist $\max M = A \cdot 70 - P_1 \cdot 30 = 58\,400 - 9000 = 49\,400$ cmkg. Mit Hilfe dieses Wertes könnte der erforderliche Querschnitt berechnet werden. Es soll aber in Abb. 49c die Momentenfläche gezeichnet werden. Zu diesem Zweck werden die Momente M_A, M_1, M_3 und M_B an den Stellen A, *1*, *3* und B berechnet. Es ist

$$M_A = 0 \text{ cmkg},$$
$$M_1 = +A \cdot 40 = +834 \cdot 40 = 33\,400 \text{ cmkg},$$
$$M_3 = +B \cdot 30 = +1366 \cdot 30 = 41\,000 \text{ cmkg},$$
$$M_B = 0 \text{ cmkg}.$$

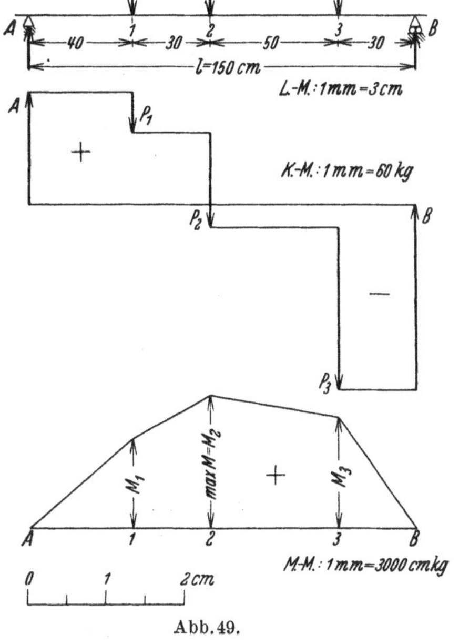

Abb. 49.

Durch geradlinige Verbindung der Endpunkte entsteht die Momentenfläche. Man überzeuge sich durch Ermittlung der Biegungsmomente für einige zwischen den Kräften liegende Punkte des Trägers, daß die Momentenfläche zwischen den einzelnen Kräften durch gerade Linien begrenzt wird.

Wird als Querschnitt ein I-Träger gewählt, und ist $k_b = 1200$ kg/cm² vorgeschrieben, so folgt aus

$$W_{erf} \geq \frac{\max M}{k_b} = \frac{49\,400}{1200} = 41{,}2 \text{ cm}^3,$$

daß nach DIN 1025 I 12 mit $W_x = 54{,}7$ cm³ zu wählen ist.

2. Zeichnerische Ermittlung der Momentenfläche. Die rechnerische Arbeit zur Ermittlung des Biegungsmomentes ist bereits bei drei Kräften so groß, daß es zu überlegen ist, ob man nicht dem nachstehend beschriebenen zeichnerischen Verfahren den Vorzug geben will, welches auf beliebig viele Kräfte angewandt werden kann.

Als Beispiel wurde der in Abb. 50 dargestellte Belastungsfall gewählt. In Abb. 50a ist der Träger nach Annahme eines Längenmaßstabes gezeichnet worden. Nach Wahl eines Kräftemaßstabes werden die Kräfte P_1, P_2 und P_3 nach Größe und Richtung aneinandergetragen. Links von dieser Geraden wird ein beliebiger Punkt P gewählt, der Pol des Kräftezuges P_1, P_2, P_3. P wird mit den Anfangs- und Endpunkten von P_1, P_2 und P_3 verbunden. Es entstehen so die Polstrahlen *1'*, *2'*, *3'* und *4'*. Der Abstand des Punktes P von dem Kräftezug, der Polabstand, wird mit H bezeichnet und in mm angegeben.

In Abb. 50a werden die Linien, in denen die Kräfte A, P_1, P_2, P_3 und B wirken, die **Wirkungslinien** dieser Kräfte, verlängert. In Abb. 50b sei a ein beliebiger Punkt der Wirkungslinie von A. Durch a wird parallel zu dem Polstrahl $1'$ der Strahl 1 gezogen, der die Wirkungslinie von P_1 im Punkte b schneiden möge. Durch b wird parallel zu $2'$ die Linie 2 gezogen, die die Wirkungslinie von P_2 im Punkte c schneiden möge. Durch c wird parallel zu $3'$ die Linie 3 gezogen, die die Wirkungslinie vor P_3 im Punkte d trifft und schließlich durch d eine Parallele 4 zum Polstrahl $4'$. Die Geraden $1, 2, 3, 4$ heißen **Seilstrahlen**. Der gebrochene Linienzug $a\,b\,c\,d\,e$ **Seileck** oder **Seilpolygon**.

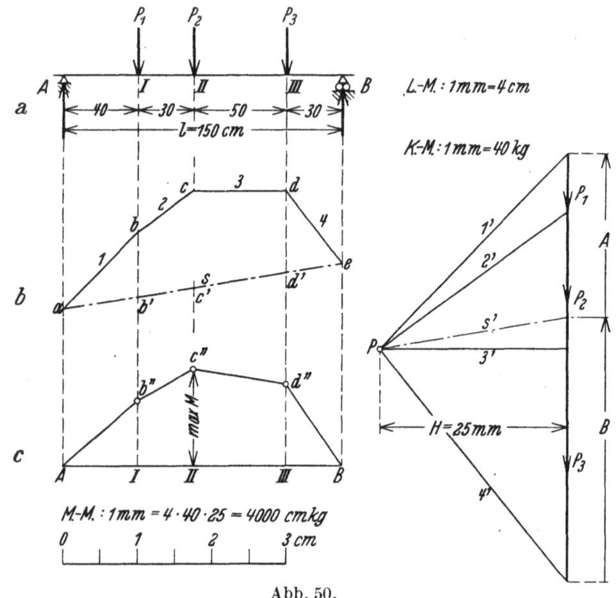

Abb. 50.

Die Gerade s, die Anfang und Ende des Seilpolygons verbindet, heißt **Schlußlinie**. Wird durch den Pol P eine Parallele s' zu s gezogen, so schneidet diese, wie in Abb. 50b angegeben, auf dem Kräftezuge P_1, P_2, P_3 die Auflagerkräfte A und B ab. Wir erhalten für A den Wert 840 kg, für B 1360 kg, in guter Übereinstimmung mit den auf S. 39 gefundenen Werten.

Zur Kontrolle der Zeichnung beachte man folgende Regel: Die Kraft P_2 liegt zwischen den Polstrahlen $2'$ und $3'$; entsprechend schneiden sich die Seilstrahlen 2 und 3 auf der Wirkungslinie von P_2. Diese Regel gilt auch für die Auflagerkräfte. Da sich die Strahlen 1 und s auf der Wirkungslinie von A schneiden, so liegt A zwischen dem Polstrahl $1'$ und der Parallelen s' zur Schlußlinie. Ebenso liegt B zwischen s' und $4'$, weil sich s und 4 im Punkte e schneiden, der auf der Wirkungslinie von B liegt.

Die Wirkungslinien von P_1, P_2 und P_3 mögen im Seileck die Strecke $b\,b'$, $c\,c'$ und $d\,d'$ abschneiden. Diese Strecken werden in Abb. 50c von einer Waagerechten AB in den Punkten I, II und III, die den Angriffspunkten der Kräfte entsprechen, senkrecht nach oben bis zu den Punkten b'', c'' und d'' abgetragen. Der gebrochene Linienzug $A\ b''\ c''\ d''\ B$ stellt dann die Momentenlinie dar. Man erkennt, daß das größte Biegungsmoment in II auftritt und überzeuge sich, daß — abgesehen von den Maßstäben — die Abb. 49c und 50c übereinstimmen.

Der Momentenmaßstab, der zu Abb. 50c gehört, kann natürlich nicht beliebig gewählt werden, sondern ist durch die Wahl des Längenmaßstabes, des Kräftemaßstabes und des Polabstandes gegeben. Ist 1 mm $= a$ cm der Längenmaßstab, 1 mm $= b$ kg der Kräftemaßstab und ist H der Polabstand in **Millimetern**, so lautet der Momentenmaßstab (M.M.): 1 mm $= a \cdot b \cdot H$ cmkg. Für das gewählte Beispiel ist die Berechnung des Momentenmaßstabes in der Zeichnung angegeben. Die Strecke $II\,c''$ ist 12,4 mm lang. Folglich ist, weil 1 mm Zeichenlänge einem Biegungsmoment von 4000 cmkg entspricht, max $M = 12{,}4 \cdot 4000 = 49\,600$ cmkg, in guter Übereinstimmung mit dem auf S. 39 rechnerisch ermittelten Wert 49400 cmkg.

G. Der Träger auf zwei Stützen gleichbleibenden Biegungsmomentes.

Der Träger Abb. 51 ist in den Punkten *1* und *2*, die von den Stützpunkten A und B die Entfernung a haben, durch die gleichgroßen Kräfte P belastet. Nach der zweiten Gleichgewichtsbedingung muß $A + B = 2P$ sein; aus Symmetriegründen ist $A = B$, folglich $A = B = P$. Dementsprechend ergibt sich die in Abb. 51b gezeichnete Querkraftfläche. Zwischen den Punkten *1* und *2* ist $Q = 0$, der Träger wird nur auf Biegung, nicht auf Schub beansprucht und der gefährliche Querschnitt liegt an jeder Stelle zwischen *1* und *2*.

Dies ergibt auch die Momentenfläche Abb. 51c. Für einen beliebigen zwischen *1* und *2* gelegenen Punkt, der von A den Abstand x hat, Abb. 51a, ist $M = Ax - P(x - a) = Px - Px + Pa = Pa$, das Biegungsmoment bleibt zwischen den Punkten *1* und *2* gleich und ist der Festigkeitsrechnung zugrunde zu legen.

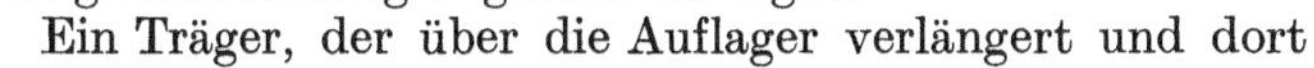

Abb. 51.

Ein Träger, der über die Auflager verlängert und dort belastet ist, wird als **Kragträger** bezeichnet, die überragenden Enden heißen die **Kragarme** des Trägers. Beachtenswert ist der Sonderfall gleicher Kragarme, die in den Endpunkten gleichgroße Kräfte P tragen, Abb. 52. Die Auflagerkräfte sind wieder gleich P, die Querkraft ist zwischen A und B gleich Null, so daß der Träger zwischen den Lagern nur auf Biegung, nicht auf Schub beansprucht wird und der gefährliche Querschnitt in jeder Stelle zwischen A und B liegt. Für eine zwischen den Auflagern liegende Stelle des Trägers, die von A die Entfernung x hat, ist $M = -P(a + x) + Ax = -Aa - Ax + Ax = -Aa$, das Biegungsmoment bleibt zwischen den Auflagern gleich und negativ, so daß sich der Träger zwischen A und B nach oben durchbiegt.

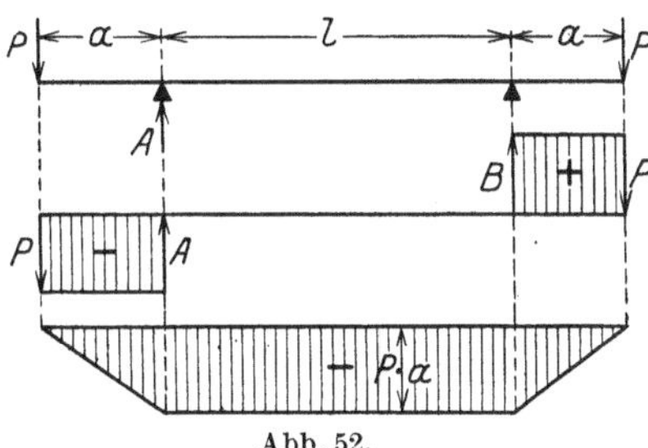

Abb. 52.

Ein Freiträger, der durch ein gleichbleibendes Biegungsmoment $P \cdot a$ beansprucht wird, ist in Abb. 53 gezeichnet.

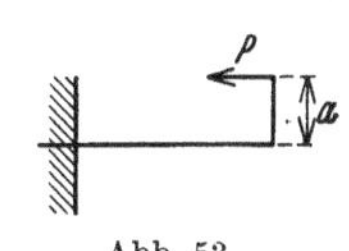

Abb. 53.

H. Der Träger auf zwei Stützen mit gleichförmig verteilter Last, Abb. 54.

Auf die Trägerlänge 1 cm soll die Last p kg wirken, so daß die gesamte Belastung gleich pl ist, wenn l in cm die Entfernung der Stützpunkte ist. Aus Symmetriegründen sind die Auflagerkräfte gleich groß und daher $A = B = \frac{pl}{2}$.

Wir denken uns in Abb. 54b den Träger in einem Punkte eingespannt, der von A die Entfernung x hat, und betrachten den linken Trägerteil. Nach oben wirkt die Auflagerkraft $A = \frac{pl}{2}$, nach unten die Last px, so daß die Querkraft

$$Q = A - px = \frac{pl}{2} - px$$

wird. Für $x = 0$ ist $Q = \frac{pl}{2}$, für $x = \frac{l}{2}$ wird $Q = 0$; für $x = l$ ist $Q = \frac{pl}{2} - pl$

$= -\frac{pl}{2}$. Die Ermittlung weiterer Zwischenpunkte ergibt, daß die Querkraftlinie nach Abb. 54c eine Gerade ist.

Zur Ermittlung von M denken wir uns die gleichförmig verteilte Last px im Schwerpunkt S, Abb. 54b, als Einzelkraft angreifend, die von der Einspannstelle die Entfernung $\frac{x}{2}$ hat. Das Biegungsmoment ist daher

$$M = A \cdot x - px \cdot \frac{x}{2} = \frac{pl}{2} \cdot x - \frac{px^2}{2} = \frac{px}{2}(l - x).$$

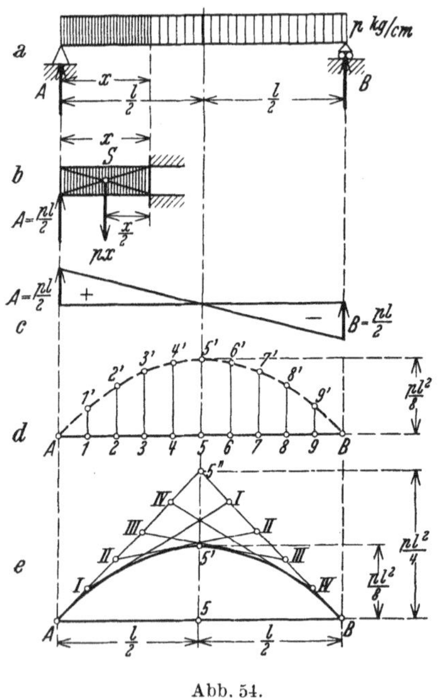

Abb. 54.

Für $x = 0$ und $x = l$ ist $M = 0$, wie zu erwarten ist. Für $x = 0{,}1\,l$; $0{,}2\,l$; $0{,}3\,l$; $0{,}4\,l$; $0{,}5\,l$; $0{,}6\,l$; $0{,}7\,l$; $0{,}8\,l$; $0{,}9\,l$ wird $M = 0{,}045\,pl^2$; $0{,}080\,pl^2$; $0{,}105\,pl^2$; $0{,}120\,pl^2$; $0{,}125\,pl^2$; $0{,}120\,pl^2$; $0{,}105\,pl^2$; $0{,}080\,pl^2$; $0{,}045\,pl^2$.

In Abb. 54d wurde die Momentenfläche gezeichnet. Den Werten $0{,}1\,l$; $0{,}2\,l$ ... entsprechen die Punkte *1*, *2* ... Die Werte $0{,}045\,pl^2$, $0{,}080\,pl^2$ ... wurden in diesen Punkten nach Wahl eines Momentenmaßstabes senkrecht nach oben aufgetragen, da alle Biegungsmomente positiv sind; es entspricht der Strecke *1 1'* das Moment $0{,}045\,pl^2$, der Strecke *2 2'* das Moment $0{,}080\,pl^2$ usw.

Die Lage der Punkte *1'*, *2'* ... zeigt, daß die Momentenlinie eine gekrümmte Kurve ist, die Parabel genannt wird. Da die Querkraft für $x = \frac{l}{2}$ gleich Null wird, so liegt der höchste Punkt der Kurve, der Scheitel, in der Mitte zwischen den Stützpunkten; das größte Biegungsmoment ist

$$\max M = 0{,}125\,pl^2 = \frac{pl^2}{8}.$$

Die Verbindung der Punkte *A 1' 2'* ... mit Hilfe eines Kurvenlineals ergibt die Momentenlinie; diese Linie kann in einfacherer Weise nach Abb. 54e erhalten werden. Wir ersetzen die gesamte Last pl durch eine Einzelkraft P, die in der Mitte des Trägers angreift und entwerfen für diese die Momentenfläche. Nach S. 37 errichten wir in *5* eine Senkrechte und tragen auf dieser die Strecke $\frac{Pl}{4} = \frac{pl^2}{4}$ bis zum Punkt *5''* ab, der mit A und B geradlinig verbunden wird. Da *5'* in der Mitte von *5* und *5''* liegt, so ergibt sich, daß das maximale Biegungsmoment auf die Hälfte sinkt, wenn die in der Mitte eines Trägers angreifende Einzellast gleichmäßig auf die Trägerlänge verteilt wird.

Die Strecken *A 5''* und *5'' B* werden nun in dieselbe Anzahl gleicher Teile geteilt. Die Teilpunkte auf *A 5''* sollen vom Punkte A aus mit *I*, *II* .. bezeichnet werden; die Teilpunkte der Strecke *5'' B* werden vom Punkte *5''* aus ebenfalls mit *I*, *II* ... bezeichnet und entsprechende Teilpunkte durch gerade Linien verbunden. Diese Linien bilden Tangenten (Berührende) der gesuchten Momentenlinie, welche mit Hilfe des Kurvenlineals gezeichnet wird. Das beschriebene Verfahren ist unter dem Namen Hüllkonstruktion der Parabel bekannt.

Beispiel. Ein I-Träger von 2,4 m Länge soll nach Abb. 54 eine über die ganze Länge gleichförmig verteilte Last von 12 t aufnehmen. Welches Profil ist zu wählen, wenn $k_b = 1200$ kg/cm² vorgeschrieben ist?

Die Länge des Trägers ist gleich 240 cm, es ist $p = \frac{12000}{240} = 50$ kg/cm und daher

$$\max M = \frac{pl^2}{8} = \frac{50 \cdot 240^2}{8} = \frac{50 \cdot 57600}{8} = 360000 \text{ cmkg}.$$

Es muß daher

$$W_{erf} \geqq \frac{\max M}{k_b} = \frac{360000}{1200} = 300 \text{ cm}^3$$

sein. Wir wählen nach DIN 1025 als Profil I 24 mit $W_x = 354$ cm³, so daß

$$\max \sigma_p = \frac{\max M}{W_x} = \frac{360000}{354} = 1015 \text{ kg/cm}^2 \text{ wird.}$$

Es müssen jetzt noch die Spannungen infolge des Eigengewichtes berechnet werden. Das gewählte Profil hat das Gewicht $g = 36$ kg/m $= 0{,}36$ kg/cm. Das größte Biegungsmoment wird

$$\max M_g = \frac{g\,l^2}{8} = \frac{0{,}36 \cdot 240^2}{8} = \frac{0{,}36 \cdot 57600}{8} = 2590 \text{ cmkg},$$

die größte Spannung

$$\max \sigma_g = \frac{\max M_g}{W_x} = \frac{2590}{354} = 7 \text{ kg/cm}^2.$$

Die größte Gesamtspannung $\max \sigma = \max \sigma_p + \max \sigma_g = 1015 + 7 = 1022$ kg/cm² ist kleiner als $k_b = 1200$ kg/cm², das gewählte Profil reicht aus.

I. Der Träger auf zwei Stützen mit mehrfacher Belastung.

Wenn die größte Spannung infolge der Einzellasten, $\max \sigma_P$, und die größte Spannung $\max \sigma_p$ infolge der gleichförmig verteilten Last, an derselben Stelle, d. h. in der Mitte des Trägers auftreten, so liegt die größte Gesamtspannung $\max \sigma$ an derselben Stelle und ist gleich $\max \sigma_P + \max \sigma_p$. Ist dies nicht der Fall, wie in Abb. 55, so muß zunächst der gefährliche Querschnitt ermittelt werden. Zu diesem Zweck berechnet man die Auflagerkräfte A_P und B_P für die Einzellasten und zeichnet in gewohnter Weise die Querkraftlinie. Hierauf berechnet man die Auflagerkräfte A_p und B_p der gleichförmig verteilten Last und entwirft die Querkraftlinie, wobei man aber, entgegen der bisher üblichen Annahme, die Querkraft nach unten aufträgt, wenn sie positiv ist, nach oben, wenn sie negativ ist. Die Summe beider Flächen ergibt dann die Querkraftfläche infolge der gesamten Last. Die Querkraft wird im Abstand x_0 von A gleich Null, dort liegt der gefährliche Querschnitt. Links von diesem Punkte ist die Querkraft positiv, rechts davon negativ.

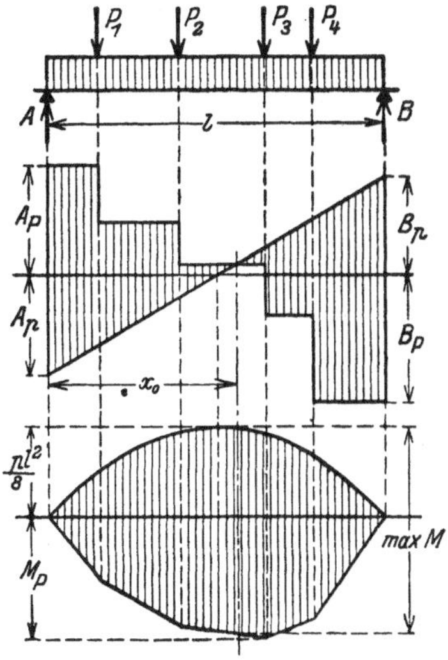

Abb. 55.

In derselben Weise entwirft man zunächst die geradlinig begrenzte Momentenfläche der Einzellasten, indem man die positiven Momente entgegen der bisher üblichen Annahme nach unten abträgt. Hierauf zeichnet man in gewohnter Weise die Momentenfläche infolge der gleichförmig verteilten Last, die nach Abb. 54 durch eine Parabel begrenzt wird, deren größter Wert gleich $\frac{p\,l^2}{8}$ ist, wenn p in kg/cm die gleichförmig verteilte Last ist. Die Momentenfläche infolge der gesamten Belastung ist die Summe beider Flächen; im Abstand x_0 von A tritt das größte Biegungsmoment max M auf, das der Rechnung zugrunde gelegt werden muß.

Man kann natürlich auch die Momentenfläche der Einzellasten in gewohnter Weise nach oben und die Momentenfläche infolge der gleichförmig verteilten Last nach unten auftragen. Auch in dieser Darstellung ist die gesuchte Momentenfläche gleich der Summe beider Flächen.

Die Ermittlung des größten Biegungsmomentes kann auch rechnerisch durchgeführt werden. In Abb. 56 ist ein Kragträger gezeichnet, der durch Einzelkräfte gleichförmig verteilte Last und Streckenlasten beansprucht wird. Unter einer Streckenlast versteht man eine gleichförmig verteilte Last, die auf einem Teil der Trägerlänge wirkt.

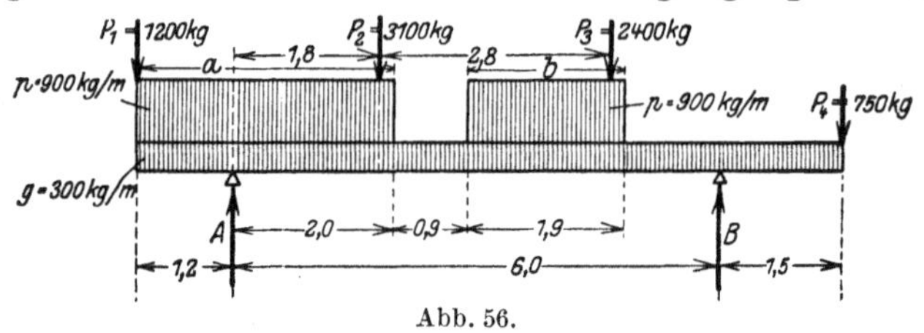

Abb. 56.

Für die Berechnung der Auflagerkräfte können die gleichförmig verteilten Lasten durch Einzelkräfte ersetzt werden, die in den Schwerpunkten der Rechtecke angreifen, durch die sie in der Zeichnung dargestellt werden; es hat das Eigengewicht $G = g \cdot L = 300 \cdot 8{,}7 = 2610$ kg den Abstand $\left[\frac{1}{2}(1{,}2 + 6 + 1{,}5) - 1{,}5\right] = 2{,}85$ m; $P = p \cdot a = 900 \cdot (1{,}2 + 2{,}0) = 2880$ kg den Abstand $\left[6 + 1{,}2 - \frac{1}{2}(1{,}2 + 2)\right] = 5{,}6$ m; $P' = p \cdot b = 900 \cdot 1{,}9 = 1710$ kg den Abstand $\left[1{,}2 + \frac{1}{2} \cdot 1{,}9\right] = 2{,}15$ m von B. Somit lautet die Momentengleichung sämtlicher Kräfte für B als Drehpunkt: $-1200 \cdot 720 - 2880 \cdot 560 - 3100 \cdot 420 - 2610 \cdot 285 - 1710 \cdot 215 - 2400 \cdot 140 + 750 \cdot 150 + A \cdot 600 = 0$, wenn das Vorzeichen der Momente nach Abb. 45 gewählt wird. Es ist $A = 8523$ kg.

Nach der zweiten Gleichgewichtsbedingung ist $A + B = P_1 + P_2 + P_3 + P_4 + G + P + P' = 1200 + 3100 + 2400 + 750 + 2610 + 2880 + 1710 = 14650$ kg; daher ist $B = 14650 - A = 14650 - 8523 = 6127$ kg.

Wir wollen jetzt die Stellen des Trägers ermitteln, in denen die Querkraft gleich Null wird oder das Vorzeichen wechselt.

Am linken Trägerende ist $Q = 0$. Zwischen diesem Punkt und A ist Q infolge der nach unten wirkenden Lasten negativ. Unmittelbar links von A ist $Q_A = -1200 - (900 + 300) \cdot 1{,}2 = -2640$ kg; unmittelbar rechts von A ist $Q_A' = -2640 + 8523 = +5883$ kg; also ist A ein gefährlicher Querschnitt. Zwischen A und B nimmt Q beständig ab. Im Abstand 2,9 m von A ist $Q = -1200 + 8523 - (900 + 300) \cdot 3{,}2 - 300 \cdot 0{,}9 = +113$ kg. Von da ab wird Q um $900 + 300 = 1200$ kg/m kleiner. Ist x_0 in m die Entfernung des Punktes, in dem $Q = 0$ wird, so muß $113 - 1200\,x_0 = 0$ und daher $x_0 = 0{,}09$ m sein. Der zweite gefährliche Querschnitt ist demnach $2{,}9 + 0{,}09 = 2{,}99$ m von A bzw. 3,01 m von B entfernt. Bis unmittelbar links von B ist Q negativ und erreicht dort den Wert $Q_B = 1200 - 6127 = -4927$ kg; unmittelbar rechts von B ist $Q_B' = -Q_B + B = -4927 + 6127 = +1200$ kg; also liegt bei B der dritte gefährliche Querschnitt. Für den ersten gefährlichen Querschnitt ist $M = -1200 \cdot 120 - (900 + 300) \cdot 1{,}2 \cdot 60 = -230400$ cmkg; für den zweiten $M = 6127 \cdot 301 - 750 \cdot 451 - 2400 \cdot 161 - 900 \cdot 1{,}81 \cdot 90{,}5 - 300 \cdot 4{,}51 \cdot 225{,}5 = +667000$ cmkg; für den dritten $M = -750 \cdot 150 - 300 \cdot 1{,}5 \cdot 75 = -146250$ cmkg.

Wird als Baustoff St 37 mit $k_z = k = k_b = 1200$ kg/cm² gewählt, so ist das zahlenmäßig größte Moment ohne Rücksicht auf das Vorzeichen maßgebend; daher muß

$$W_{erf} \geqq \frac{\max M}{k_b} = \frac{667\,000}{1200} = 555 \text{ cm}^3$$

sein. Nach DIN 1025 genügt als Profil I 30 mit $W_x = 653$ cm³, so daß die größte Spannung $\max \sigma = \frac{667\,000}{653} = 1020$ kg/cm² wird.

K. Der Träger gleicher Biegefestigkeit.

1. Allgemeines. Bisher wurde der erforderliche Querschnitt gemäß $W_{erf} \geqq \frac{\max M}{k_b}$ berechnet und für die ganze Trägerlänge unverändert beibehalten. Hiermit ist aber eine gewisse Verschwendung an Baustoff verbunden, denn nach der Formel $\sigma = \frac{M}{W}$ erreicht die Spannung σ den zulässigen Wert k_b nur für den gefährlichen Querschnitt, in dem das Biegungsmoment gleich $\max M$ ist. In allen übrigen Querschnitten ist M kleiner als $\max M$ und daher auch σ kleiner als k_b. Diese Querschnitte könnten daher schwächer bemessen werden.

Vom Standpunkt der Festigkeitslehre aus gesehen wäre es das beste, alle Querschnitte so zu bemessen, daß in ihnen die Spannung k_b in der äußersten Faser wirklich auftritt. Man spricht in diesem Falle von einem Träger gleicher Biegefestigkeit; er kann auf Grund der Formel $W = \frac{M}{k_b}$ berechnet werden, worin M das in dem betrachteten Querschnitt herrschende Biegungsmoment ist.

2. Blattfeder. Unter einer Blattfeder versteht man einen Stab aus gut federndem Stahl, dessen Querschnitt ein Rechteck ist und dessen unveränderliche Dicke h im Vergleich zur Länge l gering ist. Ist nach Abb. 57 die Breite der Feder in der Entfernung x vom Angriffspunkt der Kraft gleich y, so ist das biegende Moment $M = P \cdot x$, das Widerstandsmoment nach Tabelle 3 $W = \frac{1}{6}\, y h^2$. Wollen wir die Blattfeder als Träger gleicher Biegefestigkeit ausbilden, so muß

$$W = \frac{1}{6}\, y\, h^2 = \frac{M}{k_b} = \frac{P \cdot x}{k_b} \quad \text{oder} \quad y = \frac{6\,P\,x}{h^2\,k_b}$$

sein. Wird zu jedem Wert x die Breite y berechnet und zeichnerisch aufgetragen, so ergibt sich der in Abb. 57 dargestellte dreieckförmige Längsschnitt. Die Feder wird daher als Dreieckfeder bezeichnet.

Für die Einspannstelle ist $x = l$ und $y = b$ (Abb. 57). Aus

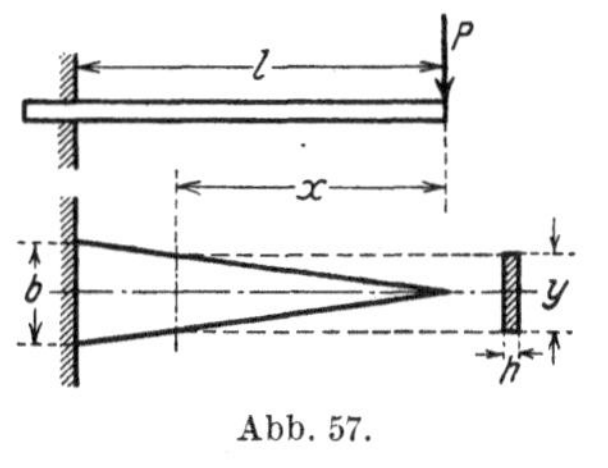

Abb. 57.

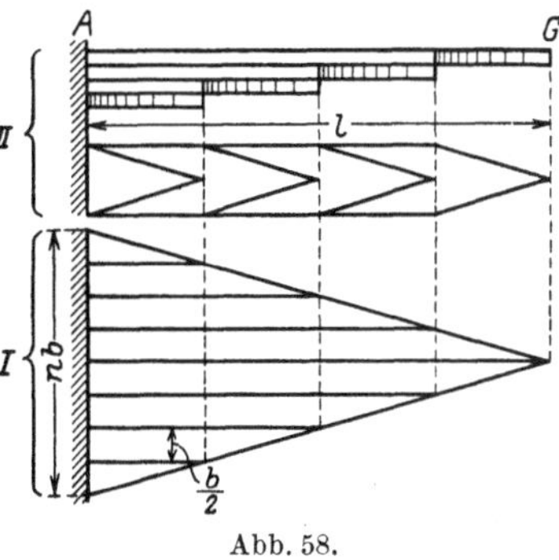

Abb. 58.

der letzten Gleichung folgt daher $b = \frac{6\,P\,l}{h^2\,k_b}$ und $P = \frac{b\,h^2\,k_b}{6\,l}$ als Tragfähigkeit der Feder.

Ist die größte Breite der Feder nicht b, sondern gleich $n \cdot b$, so kann sie in $2\,n$-Streifen der Breite $\frac{b}{2}$ zerlegt werden, Abb. 58 I.

In der Abbildung ist $n = 4$, $2\,n = 8$ gewählt. Denkt man sich die einzelnen Streifen so zusammengesetzt, wie in Abb. 58 II angegeben, so erhält man die geschichtete Dreieckfeder mit n Lagen und der Breite b. Sie hat dieselbe Tragfähigkeit wie die Blattfeder mit der Breite $n \cdot b$; es ist daher

$$P = \frac{n\,b\,h^2\,k_b}{6\,l} \quad \text{oder} \quad n = \frac{6\,P\,l}{b\,h^2\,k_b}.$$

Zahlenbeispiel. Für eine geschichtete Dreieckfeder seien die Werte $P = 2{,}5$ kg; $l = 6$ cm; $b = 1$ cm und $h = 1$ mm gegeben. Mit $k_b = 3000$ kg/cm² wird $n = \frac{6 \cdot 2{,}5 \cdot 6}{1 \cdot 0{,}01 \cdot 3000} = 3$, daher sind drei Schichten erforderlich.

3. Welle mit Einzellast. Die in Abb. 59 gezeichnete Welle trägt in der Entfernung 0,5 m vom linken Lager ein Schwungrad vom Gewicht $P = 5000$ kg. Soll die Welle einen gleichbleibenden Querschnitt erhalten, so müßte nach S. 38 mit $k_b = 400$ kg/cm² ein Durchmesser $d = 160$ mm gewählt werden.

Wir wollen versuchen, die Welle als Träger gleicher Festigkeit auszubilden. Im Angriffspunkt der Last liegt der gefährliche Querschnitt. Dort müßte der Durchmesser $d = 160$ mm beibehalten werden. Entsprechend dem Verlauf der Momentenlinie, Abb. 46d, kann der Durchmesser nach den Auflagern hin allmählich abnehmen und dort gleich Null sein, weil das Biegungsmoment für die Punkte A und B gleich Null ist. Nun muß aber die Welle in den Lagern eine von Null verschiedene Stärke haben, ferner wäre die Herstellung einer Welle mit gekrümmter Oberfläche so schwierig und zeitraubend, daß der Gewinn an Material gar nicht in Betracht käme. Wellen werden überhaupt nur aus geradlinig begrenzten zylindrischen oder kegelförmigen Teilen zusammengesetzt. Man begnügt sich daher, die Welle mit Rücksicht auf Herstellung und Bearbeitung in einzelne Teile zu zerlegen, deren Durchmesser so bestimmt werden, daß die größte Spannung jedes Teiles dem Wert k_b möglichst nahe kommt.

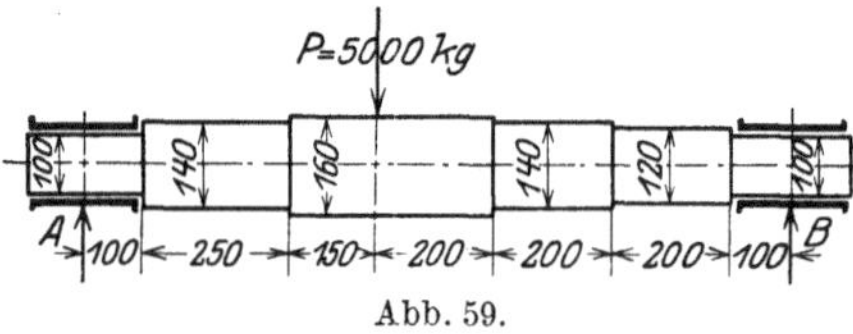

Abb. 59.

Die in Abb. 59 gezeichnete Welle wurde in sechs Teile zerlegt. Die Auflagerkräfte sind nach S. 37 $A = 5000 \cdot \frac{70}{120} = 2900$ kg und $B = 5000 \cdot \frac{50}{120} = 2100$ kg. Daher sind die größten Momente in den einzelnen Teilen:

$M_1 = A \cdot 10 = 2900 \cdot 10 = 29000$ cmkg; $\quad M_4 = B \cdot 50 = 2100 \cdot 50 = 105000$ cmkg;
$M_2 = A \cdot 35 = 2900 \cdot 35 = 101500$ cmkg; $\quad M_5 = B \cdot 30 = 2100 \cdot 30 = 63000$ cmkg;
$M_3 = \max M = 145500$ cmkg; $\quad M_6 = B \cdot 10 = 2100 \cdot 10 = 21000$ cmkg.

Diesen Werten entsprechen gemäß der Gleichung $W = \frac{M}{k_b} = \frac{M}{400}$ die erforderlichen Widerstandsmomente $W_1 = 72{,}5$; $W_2 = 254$; $W_3 = 364$; $W_4 = 262{,}5$; $W_5 = 157{,}5$; $W_6 = 52{,}5$ cm³ und nach Tabelle 4 die Durchmesser $d_1 = 9{,}1$; $d_2 = 13{,}8$; $d_3 = 15{,}6$; $d_4 = 13{,}9$; $d_5 = 11{,}8$; $d_6 = 8{,}1$ cm.

Nach DIN 3 wählen wir als normale Durchmesser $d_1 = 100$; $d_2 = 140$; $d_3 = 160$; $d_4 = 140$; $d_5 = 120$ mm und machen mit $d_6 = d_1 = 100$ mm die Zapfen in beiden Lagern gleich stark.

Die in den einzelnen Querschnitten auftretenden größten Spannungen sind:

$$\sigma_1 = M_1 : W_{100} = 29000 : 98{,}17 = 295 \text{ kg/cm}^2;$$
$$\sigma_2 = M_2 : W_{140} = 101500 : 269{,}4 = 377 \text{ kg/cm}^2;$$
$$\sigma_3 = \max M : W_{160} = 145500 : 402{,}1 = 360 \text{ kg/cm}^2;$$
$$\sigma_4 = M_4 : W_{140} = 105500 : 269{,}4 = 390 \text{ kg/cm}^2;$$
$$\sigma_5 = M_5 : W_{120} = 63000 : 169{,}6 = 371 \text{ kg/cm}^2;$$
$$\sigma_6 = M_6 : W_{100} = 21000 : 98{,}17 = 214 \text{ kg/cm}^2.$$

Die größte auftretende Spannung ist daher $\max \sigma = 390$ kg/cm².

V. Formänderung durch Biegung.

Im allgemeinen dürfte es genügen, die größte Durchbiegung f des Trägers zu ermitteln. Wir beschränken uns auf Träger mit unveränderlichem Querschnitt. Die nachstehenden Formeln, auf deren Ableitung wir verzichten müssen, finden sich in allen Taschenbüchern.

A. Freiträger.

Für den Freiträger tritt bei beliebiger, nach unten wirkender Last die größte Durchbiegung am freien Ende auf. Für eine Einzellast P nach Abb. 36 ist $f_P = \frac{P l^3}{3 E J}$, für eine gleichförmig verteilte Last p kg/cm nach Abb. 38 $f_p = \frac{p\, l^4}{8 E J}$.

Beispiel. Bei dem auf S. 29 durchgeführten Beispiel war $P = 60$ kg und $l = 2$ m; die größte Durchbiegung f soll ermittelt werden.

Werkstoff: St 37 mit $E = 2150000$ kg/cm². a) Kreisförmiger Querschnitt mit $d =$ 48 mm Durchmesser, $g = 0{,}141$ kg/cm und $J = 26{,}06$ cm⁴ nach Tabelle 4. Es ist

$$f_P = \frac{P l^3}{3 \cdot E \cdot J} = \frac{60 \cdot 200^3}{3 \cdot 2150000 \cdot 26{,}06} = 2{,}85\,\text{cm}; \quad f_g = \frac{g\, l^4}{8 E J} = \frac{0{,}141 \cdot 200^4}{8 \cdot 2150000 \cdot 26{,}06} = 0{,}50\,\text{cm}.$$

Daher ist $f = f_P + f_g = 2{,}85 + 0{,}50 = 3{,}35$ cm. b) I 16, flach gestellt mit $g = 0{,}179$ kg/cm und $J y = 54{,}7$ cm⁴ nach DIN 1025. Es wird

$$f = f_P + f_g = \frac{60 \cdot 200^3}{3 \cdot 2150000 \cdot 54{,}7} + \frac{0{,}179 \cdot 200^4}{8 \cdot 2150000 \cdot 54{,}7} = 1{,}36 + 0{,}30 = 1{,}66\,\text{cm}.$$

Werkstoff: Kiefernholz mit $E = 100000$ kg/cm². d) Rechteckiger Querschnitt $8 \cdot 10$ cm, $g = 0{,}072$ kg/cm, $J = \frac{1}{12}\, b\, h^3 = \frac{1}{12} \cdot 8 \cdot 10^3 = 667$ cm⁴ nach Tabelle 3 Nr. 1. Es ist

$$f = f_P + f_g = \frac{60 \cdot 200^3}{3 \cdot 100000 \cdot 667} + \frac{0{,}072 \cdot 200^4}{8 \cdot 100000 \cdot 667} = 2{,}40 + 0{,}22 = 2{,}62\,\text{cm}.$$

B. Träger auf zwei Stützen.

Wir weisen darauf hin, daß bei einer Einzellast P die größte Durchbiegung f nur dann im Angriffspunkt der Last auftritt, wenn diese nach Abb. 47 in der Mitte des Trägers angreift. In diesem Falle ist $f_P = \frac{P l^3}{48 E J}$. Bei gleichförmig verteilter Last p kg/cm nach Abb. 54 ist $f_p = \frac{5 p\, l^4}{384 E J}$.

Beispiel. Ein Träger auf zwei Stützen von $l = 2{,}4$ m Länge sei in der Mitte durch eine Kraft $P = 1500$ kg belastet. Das größte Biegungsmoment ist nach S. 37

$$\max M_P = \frac{P \cdot l}{4} = \frac{1500 \cdot 240}{40} = 90000\,\text{cm kg}.$$

Baustoff: St 37 mit $k_b = 1200$ erfordert $W = 90000 : 1200 = 75$ cm³. a) I 14 nach DIN 1025 mit $W_x = 81{,}9$ cm³; $J_x = 573$ cm⁴; $g = 14{,}4$ kg/m $= 0{,}144$ kg/cm hat nach S. 25

$$\sigma_P = \frac{\max M_P}{W} = \frac{90000}{81{,}9} = 1100\,\text{kg/cm}^2 \quad \text{und} \quad \sigma_g = \frac{g\, l^2}{8\, W} = \frac{0{,}144 \cdot 240^2}{8 \cdot 81{,}9} = 12{,}7\,\text{kg/cm}^2;$$

daher ist $\max \sigma = \sigma_P + \sigma_g = 1100 + 13 = 1113$ kg/cm². Da dieser Wert kleiner als k_b ist, so ist das gewählte Profil zulässig. Die Durchbiegung infolge P ist

$$f_P = \frac{P l^3}{48 E J} = \frac{1500 \cdot 240^3}{48 \cdot 2150000 \cdot 573} = 0{,}351\,\text{cm};$$

die Durchbiegung infolge des Eigengewichtes g

$$f_g = \frac{5 g\, l^4}{384 E J} = \frac{5 \cdot 0{,}144 \cdot 240^4}{384 \cdot 2150000 \cdot 573} = 0{,}005\,\text{cm};$$

mithin wird $\max f = f_P + f_g = 0{,}351 + 0{,}005 = 0{,}356$ cm. b) ⅃L $65 \cdot 130 \cdot 10$. Jeder Winkel hat nach DIN 1029 $W_x = 38{,}3$ cm³, $J_x = 321$ cm⁴ und $g' = 14{,}6$ kg/m $= 0{,}146$ kg/cm. Daher ist $W = 2\, W_x = 76{,}6$ cm³; $J = 2\, J_x = 642$ cm⁴ und $g = 2\, g' = 0{,}292$ kg/cm; mithin

$$\sigma_P = \frac{\max M}{W} = \frac{90\,000}{76{,}7} = 1172\,\mathrm{kg/cm^2} \quad \text{und} \quad \sigma_g = \frac{0{,}292 \cdot 240^2}{8 \cdot 76{,}7} = 27\,\mathrm{kg/cm^2}\,.$$

Die größte Spannung $\max \sigma = \sigma_P + \sigma_g = 1172 + 27 = 1199\,\mathrm{kg/cm^2}$ ist kleiner als k_b und daher zulässig. Die größte Durchbiegung in der Mitte der Trägers ist

$$\max f = f_P + f_g = \frac{1500 \cdot 240^3}{48 \cdot 2\,150\,000 \cdot 642} + \frac{5 \cdot 0{,}292 \cdot 240^4}{384 \cdot 2\,150\,000 \cdot 642} = 0{,}313 + 0{,}009 = 0{,}322\,\mathrm{cm}\,.$$

Als Baustoff wählen wir jetzt Kiefernholz mit $E = 100000\,\mathrm{kg/cm^2}$, $k_b = 100\,\mathrm{kg/cm^2}$ und $\gamma = 0{,}9\,\mathrm{g/cm^3}$; es muß sein

$$W_{erf} \geqq \frac{\max M}{k_b} = \frac{90\,000}{100} = 900\,\mathrm{cm^3}\,.$$

c) Wir wählen nach Tabelle 5 einen Balkenquerschnitt $14 \cdot 20$ cm mit $W = 933\,\mathrm{cm^3}$ und $J = W \cdot \frac{h}{2} = 933 \cdot 10 = 9330\,\mathrm{cm^4}$, so daß

$$\sigma_P = \frac{\max M}{W} = \frac{90\,000}{933} = 96{,}5\,\mathrm{kg/cm^2}$$

wird. Da $F = 14 \cdot 20 = 280\,\mathrm{cm^2}$ ist, so wird das Gewicht für 1 cm Trägerlänge $g = F \cdot 1 \cdot \gamma = 280 \cdot 1 \cdot 0{,}9 = 252\,\mathrm{g/cm} = 0{,}252\,\mathrm{kg/cm}$ und daher

$$\sigma_g = \frac{0{,}252 \cdot 240^2}{8 \cdot 933} = 2{,}0\,\mathrm{kg/cm^2}\,;$$

$\max \sigma = \sigma_P + \sigma_g = 96{,}5 + 2{,}0 = 98{,}5\,\mathrm{kg/cm^2}$ ist zulässig. Die größte Durchbiegung tritt in der Mitte des Trägers auf und ist

$$\max f = f_P + f_g = \frac{1500 \cdot 240^3}{48 \cdot 100\,000 \cdot 9330} + \frac{5 \cdot 0{,}252 \cdot 240^4}{384 \cdot 100\,000 \cdot 9330} = 0{,}463 + 0{,}012 = 0{,}475\,\mathrm{cm}\,.$$

Es werde jetzt d) Rundholz gewählt. Nach Tabelle 4 genügt $d = 21$ cm mit $W = 909{,}2\,\mathrm{cm^3}$, es ist

$$\sigma_P = \frac{\max M}{W} = \frac{900\,000}{909{,}2} = 99{,}0\,\mathrm{kg/cm^2}\,.$$

Mit $F = 346{,}4\,\mathrm{cm^2}$ nach Tabelle 1 wird $g = 346{,}4 \cdot 1 \cdot 0{,}9 = 312\,\mathrm{g/cm} = 0{,}312\,\mathrm{kg/cm}$ und daher

$$\sigma_g = \frac{0{,}312 \cdot 240^2}{8 \cdot 909{,}2} = 2{,}5\,\mathrm{kg/cm^2}\,.$$

Die größte Gesamtspannung $\max \sigma = \sigma_P + \sigma_g = 99{,}0 + 2{,}5 = 101{,}5\,\mathrm{kg/cm^2}$ ist größer als $k_b = 100\,\mathrm{kg/cm^2}$, es wird daher ein Durchmesser $d = 22$ cm gewählt, der nach Tabelle 4 ein Trägheitsmoment $J = 11\,499\,\mathrm{cm^4}$ und ein Widerstandsmoment $W = 1045\,\mathrm{cm^3}$ hat; es ist

$$\sigma_P = \frac{900\,000}{1045} = 86{,}0\,\mathrm{kg/cm^2}$$

und mit $F = 380{,}1\,\mathrm{cm^2}$ nach Tabelle 1 und $\gamma = 0{,}9\,\mathrm{g/cm^3}$ $g = 380{,}1 \cdot 1 \cdot 0{,}9 = 342\,\mathrm{g/cm} = 0{,}342\,\mathrm{kg/cm}$, $\sigma_g = \frac{0{,}342 \cdot 240^2}{8 \cdot 1045} = 2{,}4\,\mathrm{kg/cm^2}$.

Die größte Spannung $\sigma_P + \sigma_g = 86{,}0 + 2{,}4 = 88{,}4\,\mathrm{kg/cm^2}$ ist kleiner als $k_b = 100\,\mathrm{kg/cm^2}$, der gewählte Querschnitt zulässig; es wird

$$\max f = f_P + f_g = \frac{1500 \cdot 240^3}{48 \cdot 100\,000 \cdot 11\,499} + \frac{5 \cdot 0{,}342 \cdot 240^4}{384 \cdot 100\,000 \cdot 11\,499} = 0{,}376 + 0{,}013 = 0{,}389\,\mathrm{cm}\,.$$

VI. Formänderung durch Schub.

Bei dem in Abb. 60 gezeichneten Freiträger ist jeder Querschnitt gleichzeitig auf Schub und Biegung beansprucht; denkt man sich den Träger in der Entfernung x vom freien Ende eingespannt, Abb. 60b, so ist das biegende Moment $M = P \cdot x$, die Schub- oder Querkraft $Q = P$. Hat der Träger den unveränderlichen Querschnitt F, so tritt an jeder Stelle die Schubspannung $\tau = \frac{Q}{F}$ auf.

Wir hatten bisher nur die biegende Wirkung der Kraft P berücksichtigt, die eine Krümmung der Stabachse nach Abb. 30 ergab. Wir wollen jetzt die durch die Schubkräfte hervorgerufene Formänderung untersuchen.

Betrachten wir wie in Abb. 61 zwei Querschnitte AB und CD, die vor der Formänderung eben und senkrecht gerichtet waren und denken wir uns den Träger im Querschnitt AB eingespannt, so werden sich infolge der Querkraft Q beide Querschnitte gegeneinander verschieben: das Rechteck $ACDB$ geht in das Parallelogramm $AC'D'B$ über. Da sich diese Formänderung von Querschnitt zu Querschnitt auswirkt und die Querkraft Q für alle Querschnitte dieselbe Größe hat, so geht der Träger in die in Abb. 60c gezeichnete Lage über.

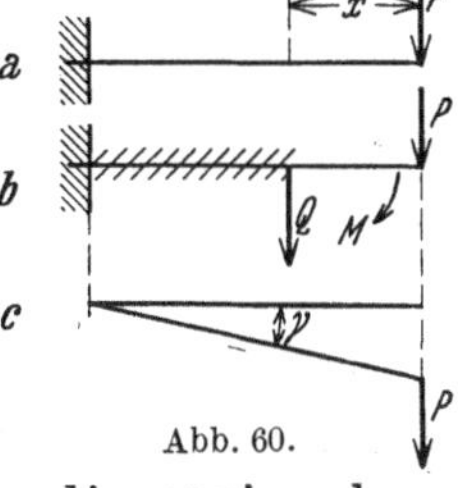

Abb. 60.

Haben die beiden Querschnitte in Abb. 61 die Entfernung 1 cm, so wird die Senkung CC' des Punktes C mit γ bezeichnet und **Schiebung** genannt; die **Schiebung γ ist mit anderen Worten die auf die Längeneinheit des Stabes bezogene Verschiebung der Querschnitte und daher dimensionslos.**

Im folgenden müssen wir einige einfache geometrische Betrachtungen anstellen. In Abb. 62 ist um den Punkt A als Mittelpunkt ein Kreis vom Radius $r = 1$ cm geschlagen, gleichzeitig sind durch A zwei Linien gelegt, die den Kreis in C und E schneiden und miteinander den Winkel γ° einschließen (das Zeichen „°" soll andeuten, daß der Winkel in Graden gemessen wird). Im Punkte C ist auf AC das Lot (die Senkrechte) CC' errichtet.

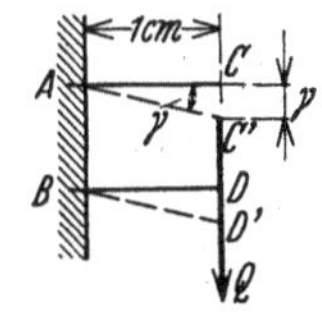

Abb. 61.

Die Länge des Bogens CE hängt nur von dem Winkel γ° ab, wird **Bogenmaß** genannt und mit arc γ oder mit γ bezeichnet; arc ist eine Abkürzung des lateinischen Wortes arcus = Bogen. Das Bogenmaß γ eines Winkels γ° ist daher gleich der Länge des zugehörenden Kreisbogens vom Radius 1 cm.

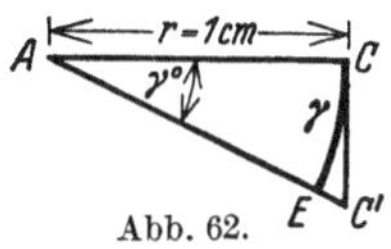

Abb. 62.

Der Umfang eines Kreises vom Radius 1 cm ist gleich 2π, worin π die auf S. 6 erwähnte Zahl ist. Das Bogenmaß des Winkel 360° ist daher gleich 2π. Zum Winkel 1° gehört das Bogenmaß $\frac{2\pi \cdot 1^\circ}{360^\circ} = \frac{\pi}{180}$ und daher zum Winkel γ° das Bogenmaß $\frac{\pi}{180}\gamma^\circ$; es ist $\gamma = \frac{\pi}{180}\gamma^\circ$ und daher $\gamma^\circ = \frac{180}{\pi}\gamma$.

Aus der ersten Formel kann zu jedem Winkel das Bogenmaß berechnet werden, aus der zweiten zu dem Bogenmaß der Winkel in Grad; z. B. ist für einen Winkel von 45°

$$\text{arc } 45^\circ = \frac{\pi}{180}\,45^\circ = \frac{\pi}{4} = \frac{3{,}1416}{4} = 0{,}7854,$$

und dem Bogenmaß 1 entspricht der Winkel

$$\gamma^\circ = \frac{180}{\pi} \cdot 1 = \frac{180}{3{,}1416} = 57{,}3^\circ.$$

Da mit γ° auch γ bekannt ist, so wird der Winkel CAC' in Abb. 62 auch häufig mit γ bezeichnet.

Vergleichen wir die Abb. 61 und 62, so ergibt sich, daß in Abb. 61 die Strecke CC' mit γ bezeichnet wurde, die länger als der Bogen CE in Abb. 62 ist. Nun sind aber die infolge der Schubkräfte auftretenden Winkeländerungen sehr gering, und für kleine Winkel unterscheiden sich die Länge CE und CC' nur wenig voneinander. Z. B. ist für einen Winkel von 1° $CE = 0{,}01745$ cm und $CC' = 0{,}01746$ cm, für einen Winkel von 10′ (1′ = 1 Minute ist gleich dem 60. Teil eines Grades) ist $CE = 0{,}00291$ cm und $CC' = 0{,}00291$ cm. Daher ist das Bogenmaß des Winkels CAC' in Abb. 61 angenähert gleich γ, und es ergibt sich der Satz: Die Schiebung γ ist gleich dem Bogenmaß des Winkels, um den sich die Stabachse senkt, Abb. 60c.

Die Schubspannung $\tau = \frac{Q}{F}$ und die Schiebung γ werden um so größer werden, je größer die Querkraft Q ist. Man wird die Vermutung aussprechen, daß der doppelten Querkraft und daher der doppelten Schubspannung auch die doppelte Schiebung entspricht, und daß ganz allgemein die Schiebungen den Schubspannungen verhältnisgleich sind. Das trifft auch für einige Werkstoffe, besonders für Stahl zu; allerdings nur bis zu einer Größe der Schubspannung, die wie bei den Normalspannungen als Proportionalitätsgrenze (S. 8) bezeichnet wird.

Sind die Schiebungen γ den Schubspannungen τ verhältnisgleich und ist β die Schiebung, die der Schubspannung 1 kg/cm² entspricht, so entspricht der Schubspannung τ die Schiebung $\beta \cdot \tau$; es ist daher $\gamma = \beta \cdot \tau$. Wir weisen auf die Ähnlichkeit mit dem Hookeschen Gesetz $\varepsilon = \alpha \cdot \sigma$ (S. 9) hin. β heißt Schubzahl, der reziproke (umgekehrte) Wert $\frac{1}{\beta} = G$ Schubmodul oder Gleitmaß; β hat die Dimension $\frac{1}{\text{kg/cm}^2} = \frac{\text{cm}^2}{\text{kg}}$, G die Dimension kg/cm². Es ist $\tau = \frac{\gamma}{\beta}$ und $\frac{1}{\beta} = G$, daher $\tau = G \cdot \gamma$; auch diese Beziehnung entspricht dem Hookeschen Gesetz in der auf S. 9 gegebenen Form $\sigma = E \cdot \varepsilon$.

Zwischen α und β bzw. E und G bestehen die Beziehungen

$$\beta = 2 \cdot \frac{m+1}{m} \cdot \alpha \quad \text{und} \quad G = \frac{1}{2} \cdot \frac{m}{m+1} \cdot E\,,$$

worin m die Poissonsche Zahl (S. 9) ist. Mit $m = \frac{10}{3}$ wird für Metalle $\beta = 2{,}6\,\alpha$ und $G = 0{,}385\,E$. Für Flußstahl ist mit $E = 2100000$ kg/cm² $G = 0{,}385 \cdot 2150000 \approx 800000$ kg/cm².

Bei einem Träger auf zwei Stützen, der durch eine Einzelkraft P in der Mitte belastet und dessen Spannweite gleich l ist, Abb. 47, tritt die größte Durchbiegung f_Q infolge der Querkräfte an derselben Stelle auf wie die größte Durchbiegung f_M infolge der Biegungsmomente, nämlich im Angriffspunkt der Last. Es ist daher $\max f = f_Q + f_M$. Es ist $f_Q = \frac{0{,}3\,P\,l}{F \cdot G}$, während nach S. 47 $f_M = \frac{P\,l^3}{48\,E\,J}$ war. Für den rechteckigen Querschnitt mit den Seiten b und h und

	$l =$	0,25 h	0,5 h	h	2 h	4 h	8 h	16 h
wird	$f_Q : f_M =$	49,9	12,48	3,12	0,78	0,195	0,049	0,012,
	$f_M : f_Q =$	0,0195	0,08	0,32	1,30	5,13	24	82

Ist daher $l > 16h$, so wird der Fehler, den man bei Vernachlässigung der Querkräfte begeht, kleiner als 1,2%. Ist $l < {}^1/_4\,h$, so ist der Fehler, den man bei Vernachlässigung der Biegungsmomente begeht, kleiner als 2%. Bei sehr kleinen Spannweiten ist es daher zulässig, die Durchbiegungen infolge der Biegungsmomente, bei großen Spannweiten die Durchbiegungen infolge der Querkräfte unberücksichtigt zu lassen. Entsprechendes gilt für die Spannungen. Aus diesem Grunde durften in Abschnitt III die Biegungsspannungen, in Abschnitt IV die Spannungen infolge der Querkräfte und in Abschnitt V die Durchbiegung infolge der Querkräfte vernachlässigt werden.

VII. Drehung bei kreisförmigem Querschnitt.

A. Allgemeines.

Ein gerader Stab von unveränderlichem kreisförmigen Querschnitt sei nach Abb. 63 an dem einen Ende eingespannt, an dem anderen durch ein Kräftepaar vom Moment $M_d = P \cdot a$ (S. 25) belastet, dessen Ebene rechtwinklig zur Längsachse des Stabes liegt und diesen auf Verdrehen beansprucht. Um ein Bild über die entstehende Formänderung zu erhalten, teilen wir, bevor die äußeren Kräfte zur Wirkung kommen, die Mantelfläche des zylindrischen Stabes in sehr viele Quadrate von gleicher Seitenlänge, indem wir in gleichen Abständen Linien parallel und rechtwinklig zur Achse einritzen (Abb. 64). Wird nun der Stab verdreht, so ergibt sich das Bild Abb. 65: An den Parallelkreisen hat sich nichts geändert; hieraus kann geschlossen werden, daß die Querschnitte des Stabes eben und rechtwinklig zur Stabachse geblieben sind. Dagegen sind die achsparallelen Linien zu Schraubenlinien, die Quadrate zu Rhomben geworden; je zwei aufeinanderfolgende Querschnitte haben sich daher um denselben Winkel gegeneinander verdreht.

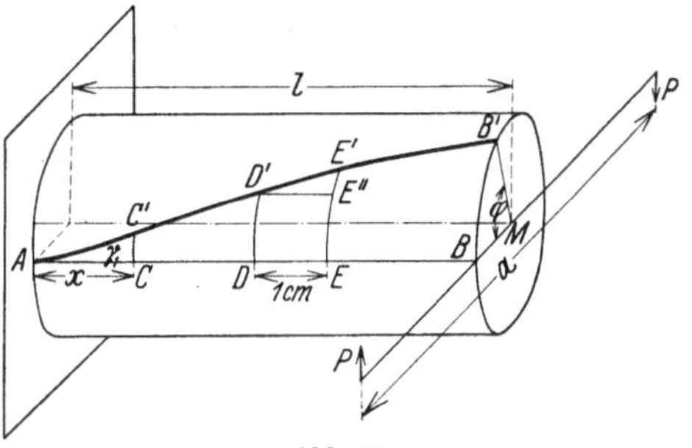

Abb. 63.

Bei quadratischem, rechteckigem und elliptischem Querschnitt tritt, wie Versuch und Theorie übereinstimmend ergeben haben, eine Wölbung der Querschnitte ein, so daß die Untersuchung des Spannungs- und Formänderungszustandes recht verwickelt wird. Wir beschränken daher unsere Betrachtungen auf den Stab mit kreisförmigem Querschnitt, Abb. 63. Es bleiben dann die Querschnitte eben und die zur Stabachse parallele Gerade AB geht in die Schraubenlinie AB' über. Der Verdrehungswinkel der einzelnen Querschnitte gegenüber dem in Ruhe verbleibenden Querschnitt bei A ist unmittelbar proportional (verhältnisgleich) zur Entfernung x von der Einspannstelle. Die größte Verdrehung erleidet der Endquerschnitt, dessen Verdrehungswinkel mit φ bezeichnet wird (Abb. 63).

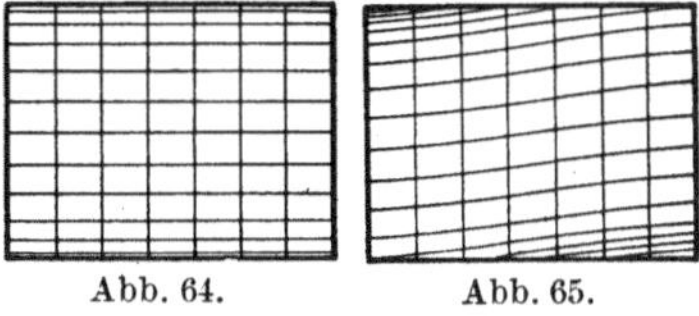
Abb. 64. Abb. 65.

Auch die Strecken, welche die einzelnen Punkte der Linie AB bei der Drehung beschreiben, sind der Entfernung vom Einspannquerschnitt verhältnisgleich. Ist γ_1 das Bogenmaß (S. 49) des Winkels BAB' und hat der Punkt C von A die beliebige Entfernung $AC = x$, so wird die Strecke CC' annähernd gleich $\gamma_1 \cdot x$ (S. 49). Für den Endquerschnitt ist der Bogen

$$\widehat{BB'} = \gamma_1 \cdot l\,,$$

wenn l die Länge des Stabes ist.

Wir nehmen jetzt auf der Geraden AB in Abb. 63 zwei Punkte D und E an, deren Entfernung gleich 1 cm ist. Nach der Drehung geht D in D', E in E' über, so daß $E'E'' = \gamma_1$ die Verschiebung des Punktes E gegenüber dem Punkte D ist. Nach S. 49 und Abb. 66 ist daher die Schiebung auf der Mantelfläche des Zylinders gleich γ_1.

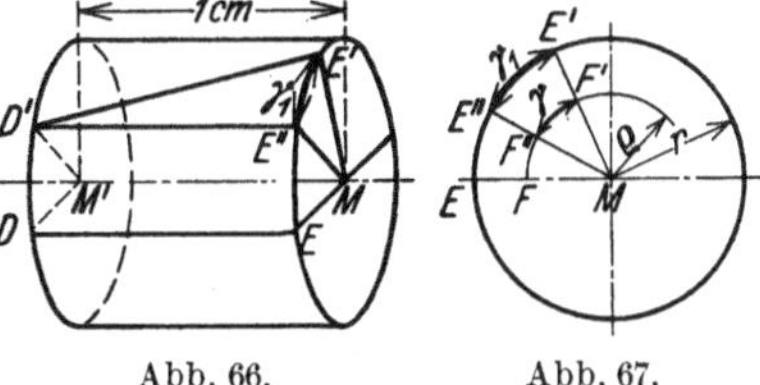

Abb. 66. Abb. 67.

Wir betrachten jetzt den Radius EM, der nach der Drehung in $E'M$ übergeht. Ist F in Abb. 67 ein Punkt dieses Radius, der vom Mittelpunkt die beliebige Entfernung ϱ hat, so darf angenommen werden, daß F bei der Formänderung einen Kreisbogen beschreibt und in den Punkt F' übergeht, der auf $E'M$ liegt. Die Radien bleiben bei der Formänderung erhalten.

Der Strahl $E''M$ stimmt mit der Lage des Strahles $D'M'$ in Abb. 66 überein, so daß $E''E'$ gleich der Schiebung γ_1 auf der Mantelfläche des Zylinders ist. In derselben Weise ist der Bogen $F''F'$, der mit γ bezeichnet werden soll, gleich der Schiebung aller Punkte des Stabes, die vom Mittelpunkt die Entfernung ϱ haben.

Nach Abb. 67 besteht die Beziehung $\gamma : \gamma_1 = \varrho : r$; es ist daher $\gamma = \frac{\gamma_1}{r} \cdot \varrho$: die Schiebungen γ sind der Entfernung ϱ vom Mittelpunkt proportional. Auf der Längsachse des Stabes ist ϱ und daher auch γ gleich Null, die Stabachse bleibt bei der Drehung erhalten. Auf der Mantelfläche des Zylinders ist $\varrho = r$ und die Schiebung gleich dem größten Wert γ_1.

Es seien nun τ_1 und τ die in der Entfernung r und ϱ vom Mittelpunkt des Stabes auftretenden Schubspannungen. Wenn die Spannungen, wie wir voraussetzen wollen, die Proportionalitätsgrenze nicht überschreiten, so ist nach S. 50 $\tau = G \cdot \gamma$ und daher auch $\tau_1 = G \cdot \gamma_1$. Folglich ist

$$\frac{\tau}{\tau_1} = \frac{G \cdot \gamma}{G \cdot \gamma_1} = \frac{\gamma}{\gamma_1} = \frac{\varrho}{r} \quad \text{oder} \quad \tau = \frac{\tau_1}{r} \cdot \varrho \,.$$

Es sind daher auch die Schubspannungen τ der Entfernung ϱ von der Stabachse verhältnisgleich, was auch durch die Formel $\tau = \frac{M_d}{J_p} \cdot \varrho$ bestätigt wird; hierin ist $J_p = \frac{\pi d^4}{32}$ das polare Trägheitsmoment des Kreises. Für $\varrho = 0$ ist auch τ gleich Null, die Stabachse ist spannungslos. Für $\varrho = r = \frac{d}{2}$ nimmt τ den größten Wert $\tau_1 = \frac{M_d}{J_p} \cdot \frac{d}{2}$ an. Der Ausdruck

$$W_p = J_p : \frac{d}{2} = \frac{\pi d^4 \cdot 2}{32 \cdot d} = \frac{\pi d^3}{16}$$

wird polares Widerstandsmoment des Kreises genannt; es ist

$$\tau_1 = \frac{M_d}{W_p} \quad \text{oder} \quad W_p = \frac{M_d}{\tau_1} \,.$$

Sollen die Spannungen den zulässigen Wert k_d nicht überschreiten, so muß $W_p \geqq \frac{M_d}{k_d}$ sein, eine Beziehung, die der Festigkeitsbedingung für Biegung $W_{erf} \geqq \frac{M}{k_b}$ (S. 25) entspricht. Ähnlich wie bei der Beanspruchung auf Biegung ist für M_d stets das größte auftretende Verdrehungsmoment einzusetzen.

Nach Tabelle 3 ist das axiale Trägheitsmoment des Kreises $J = \frac{\pi d^4}{64}$, das axiale Widerstandsmoment $W = \frac{\pi d^3}{32}$. Daher ist

$$J_p = \frac{\pi d^4}{32} = \frac{2\pi d^4}{64} = 2J \quad \text{und} \quad W_p = \frac{\pi d^3}{16} = \frac{2\pi d^3}{32} = 2W \,.$$

Das polare Trägheitsmoment und das polare Widerstandsmoment können daher gefunden werden, indem man die in Tabelle 4 gegebenen Werte J und W mit 2 multipliziert.

Beispiel. Eine Welle aus St 42 · 11 wird nach Abb. 63 durch zwei Kräfte $P = 800$ kg beansprucht, die einen Abstand 1 m voneinander haben. Welchen Durchmesser muß die Welle erhalten, wenn die zulässige Verdrehungsspannung $k_d = 200$ kg/cm² nicht überschritten werden soll?

Es ist $M_d = P \cdot a = 800 \cdot 100 = 80000$ cmkg, mithin

$$W_p \geqq \frac{M_d}{k_d} = \frac{80000}{200} = 400\,\text{cm}^3\,, \qquad W = \frac{W_p}{2} = 200\,\text{cm}^3\,.$$

Nach Tabelle 4 wird ein Durchmesser $d = 13$ cm mit $W = 215{,}7$ cm³ gewählt. Mit $W_p = 2 \cdot W = 2 \cdot 215{,}7 = 431{,}4$ cm³ wird die größte, wirklich auftretende Spannung

$$\max\tau = \frac{M_d}{W_p} = \frac{80000}{431{,}4} = 185\,\text{kg/cm}^2\,.$$

Wir wollen jetzt die bei der Drehung auftretende Formänderung durch eine

Formel erfassen. Als Maß der Formänderung kann der Winkel φ, Abb. 63, angesehen werden, um den sich die Endquerschnitte des Stabes verdrehen. Hat der Punkt G in Abb. 68 vom Mittelpunkt M die Entfernung 1 cm, so ist die Länge des Kreisbogens GG' gleich dem Bogenmaß des Winkels φ (S. 49). Aus der Abbildung folgt

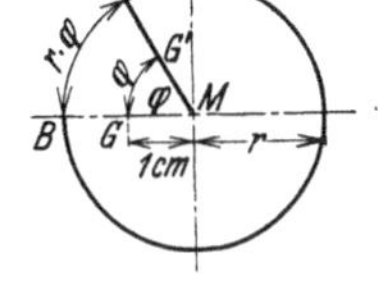

Abb. 68.

$$\widehat{BB'} : \widehat{GG'} = r : 1 \;; \quad \text{es ist daher} \quad \widehat{BB'} = \frac{\widehat{GG'} \cdot r}{1} = \varphi \cdot r .$$

Die Länge eines Kreisbogens ist gleich dem Produkt aus dem Bogenmaß des Winkels und der Länge des Radius.

Nach S. 51 war aber $\widehat{BB'} = \gamma_1 \cdot l$; es ist daher $\varphi \cdot r = \gamma_1 \cdot l$ oder

$$\varphi = \frac{\gamma_1 l}{r} = \frac{\tau_1}{G} \cdot \frac{l}{r} = \frac{M_d}{J_p} \cdot \frac{d}{2} \cdot \frac{1}{G} \cdot \frac{l}{r} \text{ (S. 52)} = \frac{M_d \cdot l}{G \cdot J_p}$$

im Bogenmaß.

Soll der Winkel φ nicht im Bogenmaß sondern im Gradmaß angegeben werden, so ist nach S. 49 mit $\varphi^\circ = \frac{180}{\pi} \cdot \varphi$:

$$\varphi^\circ = \frac{180}{\pi} \cdot \frac{M_d l}{G J_p}$$

im Gradmaß.

Beträchtliche Werte erreicht der Verdrehungswinkel bei den Spindeln der Bohrmaschinen. Nach Versuchen von G. Schlesinger[1] hatte die Spindel der Type 21 IV E der Ludwig Loewe-AG. mit Bohrkegel Morse 5 bei 9 PS Kraftbedarf und 50 mm Bohrerdurchmesser einen Verdrehungswinkel von 1°; die Spindel der Type HTS von Blau & Co. mit Bohrkegel Morse 4 bei 6 PS und 50 mm Bohrerdurchmesser zeigte sogar 1° 50′ Verdrehung. Infolge des durch den Schnittwiderstand auftretenden Drehmomentes erfahren auch die Spiralbohrer selbst eine Verdrehung; da ihr Querschnitt durch die Nuten stark geschwächt ist, federn sie im Betriebe ein wenig auf.

Beispiel. Die auf S. 52 berechnete Welle habe eine Länge von 2 m. Der größte Verdrehungswinkel soll ermittelt werden.

Nach Tabelle 4 ist für $d = 13$ cm, $J = 1402$ cm⁴ und daher $J_p = 2J = 2804$ cm^4. Mit $G = 800000$ kg/cm^2 und $l = 200$ cm wird

$$\varphi^\circ = \frac{180}{3{,}1416} \cdot \frac{80000 \cdot 200}{800000 \cdot 2804} = 0{,}41^\circ .$$

B. Berechnung von Triebwerkswellen (Transmissionswellen).

Aus der Leistung N in Pferdestärken (PS) und der Drehzahl n in der Minute (U/min) muß zunächst das Drehmoment M_d in cmkg ermittelt werden.

An einer Winde vom Halbmesser r, Abb. 69, hängt ein Gewicht von G kg. Der Umfang eines Kreises vom Radius 1 cm ist gleich 2π, folglich der Umfang eines Kreises vom Radius r gleich $2\pi r$. Bei jeder Umdrehung der Winde wird das Gewicht um $2\pi r$ cm gehoben, wenn r in cm gemessen wird. In jeder Minute dreht sich die Winde n mal, folglich wird das Gewicht in dieser Zeit um $2\pi r n$ cm gehoben, daher in der Sekunde (s) um $\frac{2\pi r n}{60} = \frac{\pi r n}{30}$ cm oder um $H = \frac{\pi r n}{3000}$ m/s.

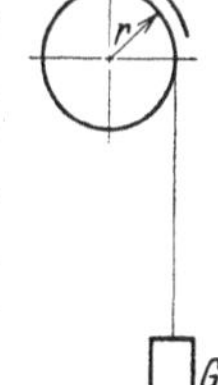

Abb. 69.

Unter der Leistung N der Winde versteht man das Produkt aus dem Gewicht G und dem Weg H, um den das Gewicht in der Sekunde gehoben wird: $N = G \cdot H$ mkg/s. Die Leistung von 75 mkg in der Sekunde wird als Pferdestärke (PS)

[1] Schlesinger, G.: Bohrmaschinen. Werkst.-Techn. 1923 Heft 14.

bezeichnet; es ist daher $N = \frac{G \cdot H}{75}$ PS, wenn G in kg und H in m eingesetzt werden. Mit $H = \frac{\pi r n}{3000}$ und $M_d = G \cdot r$ cmkg (Abb. 69) wird daher

$$N = \frac{G \pi r n}{75 \cdot 3000} = \frac{G \cdot 3{,}1416 \cdot r n}{225000} = \frac{M_d n}{71620} \quad \text{oder} \quad M_d = 71\,620 \frac{N}{n} \text{ cmkg}.$$

Die durch das Gewicht der Scheiben durch Riemenzüge usw. hervorgerufenen Biegungsmomente sind im voraus meist schwer zu bestimmen, weil man z. B. die Lager- und Radabstände nicht kennt; daher wird in der Entwurfsberechnung die Beanspruchung auf Biegung unberücksichtigt gelassen und dafür die zulässige Verdrehungsspannung sehr niedrig gewählt. Mit $k_d = 120$ kg/cm² muß

$$W_p = \frac{\pi}{16} d^3 \geqq \frac{M_d}{k_d} = \frac{71620 \frac{N}{n}}{120}$$

sein. Hieraus folgt

$$d^3 = \frac{16 \cdot 71620 \cdot N}{3{,}1416 \cdot 120 \cdot n} = 3030 \frac{N}{n}, \qquad d = \sqrt[3]{3030} \cdot \sqrt[3]{\frac{N}{n}} \approx 14{,}4 \sqrt[3]{\frac{N}{n}}.$$

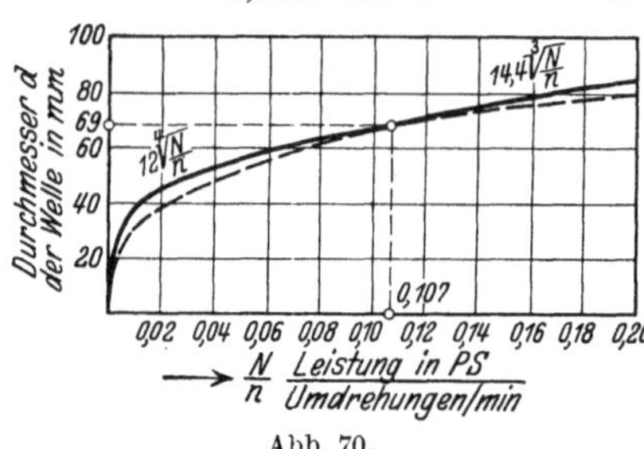

Abb. 70.

Erfahrungsgemäß läßt man bei Triebwerkswellen einen Verdrehungswinkel von 1° für den laufenden Meter zu. Mit $G = 800\,000$ kg/cm² für Flußstahl und $l = 100$ cm wird

$$\frac{1}{4} = \frac{180}{\pi} \frac{M_d \cdot 100}{800\,000 \cdot J_p} = \frac{180}{\pi} \frac{71620 \frac{N}{n} \cdot 100}{800\,000 \cdot \frac{\pi}{32} d^4}$$

oder

$$d = \sqrt[4]{\frac{180}{\pi} \frac{71\,620 \cdot 100 \cdot 32 \cdot 4}{800\,000 \cdot \pi}} \sqrt[4]{\frac{N}{n}} \approx 12 \sqrt[4]{\frac{N}{n}}.$$

Von den aus Festigkeit und Formänderung gefundenen Werten ist natürlich der größere der Ausführung zugrunde zu legen. Abb. 70 läßt erkennen, daß für $\frac{N}{n} < 0{,}107$ die Formänderung $\left(d = 12 \sqrt[4]{\frac{N}{n}}\right)$, für $\frac{N}{n} > 0{,}107$ die Festigkeit $\left(d = 14{,}4 \sqrt[3]{\frac{N}{n}}\right)$ maßgebend ist.

Normale Wellendurchmesser sind nach DIN 114 in mm: 25, 30, 35, 40, 45, 50, 55, 60, 70 ,80, 90, 100, 110, 125, 140, 160 usw., um je 20 mm zunehmend bis 500.

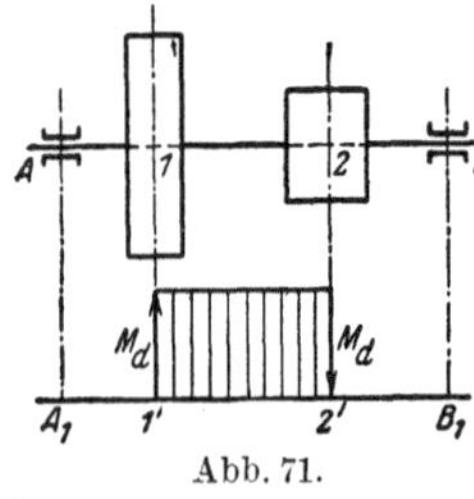

Abb. 71.

1. Beispiel. In eine Vorgelegewelle (Abb. 71) werden $N = 7$ PS durch Scheibe *1* eingeleitet und 7 PS von Scheibe *2* entnommen. Die Drehzahl beträgt $n = 125$ U/min, die zulässige Verdrehungsspannung $k_d = 120$ kg/cm².

Da nur Verdrehungsspannung berücksichtigt werden sollen, so ist die Welle von A bis *1* spannungslos. Im Punkte *1* wird das Drehmoment $M_d = 71620 \frac{N}{n} = 71620 \cdot \frac{7}{125} = 4000$ cmkg durch die Nabe in die Welle geleitet, das zwischen *1* und *2* unverändert wirkt. Im Punkte *2* wird M_d entnommen, von *2* bis B ist die Welle spannungslos.

Wird ein Momentenmaßstab 1 mm $= a$ cmkg gewählt, so können die Verdrehungsmomente ähnlich wie die Biegungsmomente (S. 36) zeichnerisch dargestellt werden. In Abb. 71 ist die Linie $A_1 B_1$ mit den Zwischenpunkten *1'* und *2'* gezogen. Rechtwinklig zu dieser Linie werden für jeden Punkt der Welle die Verdrehungsmomente im Momentenmaßstab aufgetragen. Die entstehende Fläche heißt Drehmomentenfläche.

Da $\frac{N}{n} = \frac{7}{125} = 0{,}056$ kleiner als 0,107 ist, so ist die Formänderung maßgebend; es ist

$$d = 12 \sqrt[4]{\frac{N}{n}} = 12 \sqrt[4]{0{,}056} = 12 \sqrt{0{,}236} = 12 \cdot 0{,}486 = 5{,}85 \text{ cm}.$$

Nach DIN 114 (S. 54) wählen wir $d = 60$ mm mit $W_p = 2\,W = 2 \cdot 21{,}21 = 42{,}4$ cm³ nach Tabelle 4. Die größte auftretende Spannung ist $\max \tau = \tau_1 = \dfrac{M_d}{W_p} = \dfrac{4000}{42{,}4} = 94{,}5$ kg/cm².

Ist die Entfernung der Scheiben *1* und *2* gleich 3 m, so ist der größte Verdrehungswinkel mit $J_p = 2 \cdot 63{,}62 = 127{,}2$ cm⁴ nach Tabelle 4

$$\varphi^\circ = \frac{180}{\pi}\frac{M_d\, l}{G\, J_p} = \frac{180}{3{,}1416}\,\frac{4000 \cdot 300}{800000 \cdot 127{,}2} = 0{,}675^\circ.$$

Bei 3 m Länge ist ein Verdrehungswinkel von 0,75° zulässig.

2. Beispiel. Durch die Scheibe *2* (Abb. 72) werden $N_2 = 100$ PS auf die Welle übertragen, durch die Scheibe *1* $N_1 = 40$ PS und durch die Scheibe *3* $N_3 = 60$ PS entnommen. Die Drehzahl beträgt $n = 175$ U/min.

Den Werten N_1, N_2 und N_3 entsprechen die Drehmomente

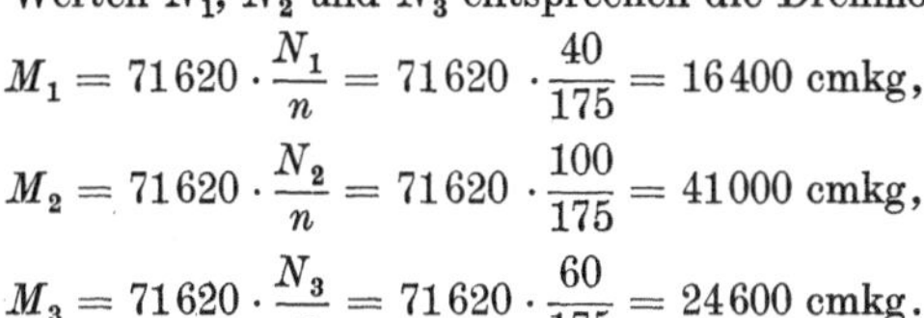

$$M_1 = 71620 \cdot \frac{N_1}{n} = 71620 \cdot \frac{40}{175} = 16400 \text{ cmkg},$$

$$M_2 = 71620 \cdot \frac{N_2}{n} = 71620 \cdot \frac{100}{175} = 41000 \text{ cmkg},$$

$$M_3 = 71620 \cdot \frac{N_3}{n} = 71620 \cdot \frac{60}{175} = 24600 \text{ cmkg}.$$

Abb. 72.

Zur Ermittlung des Drehmomentes in einem beliebigen Punkt denken wir uns wie in Abb. 44b den rechten Teil der Welle eingespannt. Verschiedene Drehrichtungen sind wieder durch das Vorzeichen zu unterscheiden. Zwischen *1* und *2* wirkt das Drehmoment M_1, dessen Drehrichtung wir als positiv wählen; es ist dann $M_d = +M_1 = +16400$ cmkg. Zwischen *2* und *3* wirkt das Drehmoment M_1 in demselben Drehsinn wie zwischen *1* und *2*, außerdem das entgegengesetzt drehende Moment M_2; es ist daher $M_d = +M_1 - M_2 = 16400 - 41000 = -24600$ cmkg.

Die Auftragung der Momente mit Hilfe eines Momentenmaßstabes ergibt die in Abb. 72 gezeichnete Drehmomentenfläche; wir entnehmen ihr — ohne Berücksichtigung des Vorzeichens — als größtes Drehmoment $\max M_d = M_3 = 24600$ cmkg; dieses Moment ist der Rechnung zugrunde zu legen.

Da $\dfrac{N_3}{n} = \dfrac{60}{175} = 0{,}342 > 0{,}107$ ist, so ergibt die Festigkeitsrechnung für $k_d = 120$ kg/cm² den größeren Durchmesser. Es ist $d = 14{,}4\sqrt[3]{\dfrac{N_3}{n}} = 14{,}4\sqrt[3]{0{,}342} = 14{,}4 \cdot 0{,}699 = 10{,}1$ cm.

Wir wählen nach DIN 114 (S. 54) $d = 110$ mm $= 11$ cm mit $W_p = 2 \cdot 130{,}7 = 261{,}4$ cm³ und $Jp = 2 \cdot 718{,}7 = 1437$ cm⁴ nach Tabelle 4. Die größte auftretende Verdrehungsspannung ist

$$\max \tau = \frac{\max M_d}{W_p} = \frac{24600}{261{,}4} = 94 \text{ kg/cm}^2.$$

Der auf 1 m Trägerlänge bezogene Verdrehungswinkel zwischen den Scheiben *1* und *2* ist

$$\frac{180}{\pi}\,\frac{M_1 \cdot 100}{G \cdot J_p} = \frac{180 \cdot 16400 \cdot 100}{3{,}1416 \cdot 800000 \cdot 1437} = 0{,}08\ {}^\circ/\text{m},$$

zwischen den Scheiben *2* und *3*

$$\frac{180}{\pi}\,\frac{M_3 \cdot 100}{G \cdot J_p} = \frac{180 \cdot 24600 \cdot 100}{3{,}1416 \cdot 800000 \cdot 1437} = 0{,}12\ {}^\circ/\text{m}.$$

C. Die zylindrische Schraubenfeder mit kreisförmigem Querschnitt.

Eine genaue Berechnung der Feder (Abb. 73) ist sehr umständlich. Meist wird die Steigung der Feder vernachlässigt, so daß die einzelnen Windungen der Feder als senkrecht zur Stabachse liegend angesehen werden können.

Man erhält so das folgende Problem: Die Mittellinie $ABCD$ eines gekrümmten Stabes (Abb. 74) besteht aus dem Kreisbogen ABC (vom Halbmesser r und dem Winkel ω) und aus der Geraden CD, deren Formänderung vernachlässigt wird;

D ist der Mittelpunkt des Kreisbogens. Der Stab ist in A eingespannt und in D durch eine Kraft P belastet, die rechtwinklig zur Zeichenebene wirkt. Infolge dieser Kraft wird jeder Querschnitt durch das Moment $M_d = P \cdot r$ auf Verdrehen beansprucht. Ist d der Durchmessser des kreisförmigen Querschnittes, so ist mit $M_d = W_p \cdot k_d \quad P \cdot r = \frac{\pi}{16}\, d^3\, k_d \approx 0{,}2\; d^3\, k_d$ und daher

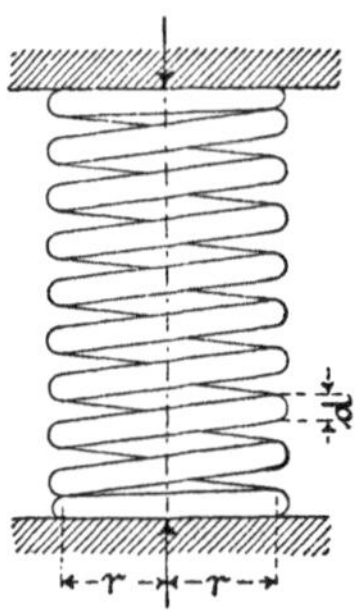

$$d^3 \approx \frac{P \cdot r}{0{,}2\, d^3} \quad \text{oder} \quad d \approx \sqrt[3]{\frac{P \cdot r}{0{,}2\, k_d}}\,.$$

Abb. 73.

Infolge des drehenden Momentes wird sich der Punkt C gegenüber dem Punkt A verdrehen. Da die Länge des Bogens ABC gleich $\omega \cdot r$ ist, wenn ω im Bogenmaß gemessen wird (S. 53), so ist der Verdrehungswinkel

$$\varphi = \frac{M_d \cdot l}{G \cdot J_p} = \frac{P \cdot r \cdot \omega r \cdot 32}{G \cdot \pi d^4} = \frac{32}{\pi d^4}\,\frac{P r^2 \omega}{G}\,.$$

Der Angriffspunkt D der Kraft P bewegt sich nach Abb. 75 und S. 51 angenähert um $DD' = r\,\varphi = \frac{32}{\pi d^4}\,\frac{P r^3 \omega}{G}$.

Der Betrag, um den eine volle Windung auseinander gezogen wird, soll mit f_0 bezeichnet werden. Da $\omega = 2\pi$ ist (S. 49), so wird

$$f_0 = \frac{32}{\pi d^4}\,\frac{P r^3 \cdot 2\pi}{G} = \frac{64\, P r^3}{G d^4}\,.$$

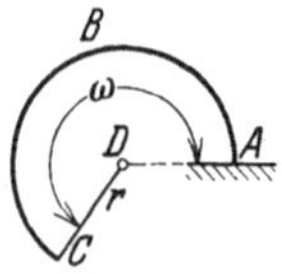

Abb. 74.

Die gesamte Verlängerung der Feder ist bei n Windungen $f = n \cdot f_0$.

Für gut gehärteten Federstahl darf bei Belastungsfall II nach C. Bach $k_d = 4000$ kg/cm² gewählt werden. Bei Anwendung von gehärtetem Sonderfederstahl finden sich Werte bis zu 10000 kg/cm² und mehr.

Beispiel. Es ist eine zylindrische Schraubenfeder zu berechnen, die bei geschlossenem Ventil eine Kraft $P = 4$ kg ausübt; der Hub betrage $h = 5$ mm. Gegeben sei der Windungsradius $r = 40$ mm und $k_d = 4000$ kg/cm².

Die Kraft $P = 4$ kg wird durch eine Vorspannung der Feder erreicht, der eine Verkürzung f cm entsprechen möge. Dem Druck P' bei geöffnetem Ventil entspricht dann eine Verkürzung $f' = f + h$ cm (Abb. 76).

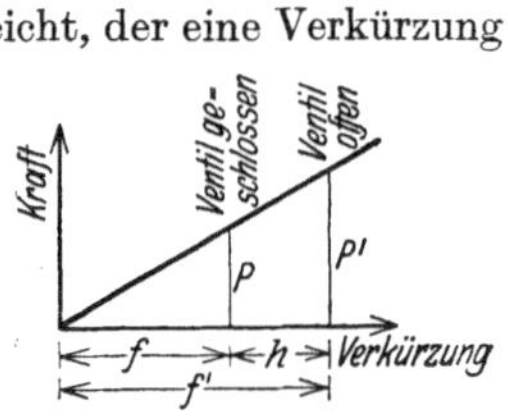

Da P nur wenig größer als P' ist, so darf die Drahtstärke gemäß

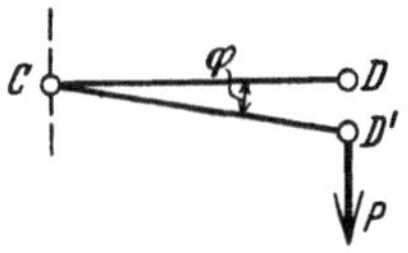

$$d = \sqrt[3]{\frac{P \cdot r}{0{,}2 \cdot k_d}} = \sqrt[3]{\frac{4 \cdot 4}{0{,}2 \cdot 4000}} = \sqrt[3]{0{,}02} = 0{,}27\,\text{cm}$$

gleich 3 mm gewählt.

Abb. 75.

Abb. 76.

Mit $G = 800000$ kg/cm² wird die Verkürzung einer Federwindung bei geschlossenem Ventil $f_0 = \frac{64\, P r^3}{G d^4} = \frac{64 \cdot 4 \cdot 64}{800000 \cdot 0{,}0081}$ $= 2{,}5$ cm/Windung. Bei $n = 8$ Windungen wird $f = 8 \cdot 2{,}5 = 20$ cm und daher $f' = 20{,}5$ cm. Daher ist $P' = P \cdot \frac{f'}{f} = 4 \cdot \frac{20{,}5}{20} = 4{,}1$ kg und

$$\max\tau = \frac{\max M_d}{W_p} = \frac{P' \cdot r}{W_p} = \frac{4{,}1 \cdot 4}{2 \cdot 0{,}00265} = 3080\,\text{kg/cm}^2\,.$$

Die Verkürzung einer Windung der Feder bei geöffnetem Ventil ist $f_0' = f_0 + \frac{h}{n} = 2{,}5 + \frac{0{,}5}{8}$ $= 2{,}6$ cm/Windung. Erscheint dieser Wert zu groß, so muß der Durchmesser d vergrößert werden. Für $d = 0{,}4$ cm ist $f_0 = \frac{64 \cdot 4 \cdot 64}{800000 \cdot 0{,}0256} = 0{,}80$ cm/Windung und daher bei $n =$ 8 Windungen $f_0' = f_0 + \frac{h}{n} = 0{,}80 + 0{,}08 = 0{,}88$ cm/Windung.

VIII. Knickung.

A. Allgemeines.

Wird ein Stahldraht von 3,5 mm Durchmesser und $l = 850$ mm Länge nach Abb. 77a mit $P = 0{,}4$ kg belastet, so beginnt das freie Ende auszuweichen, bis es bei $y' = 25$ mm zur Ruhe gelangt, Abb. 77b. Wird der Stab mit $P = 1{,}1$ kg belastet, so beginnt das freie Ende auszuweichen, bis das belastende Gewicht die in Abb. 77c gezeichnete Stützfläche erreicht; es besteht kein Gleichgewicht zwischen inneren und äußeren Kräften. Daher muß es eine zwischen 0,4 und 1,1 kg liegende Belastung P_k geben, für die der Gleichgewichtszustand gerade zu bestehen aufhört. Die Kraft P_k heißt **Knicklast**.

Knickversuche, die ein zahlenmäßig verwendbares Ergebnis liefern sollen, werden stets nach Abb. 78 ausgeführt. Der Stab ist in den Endpunkten A und B gelenkartig frei beweglich und möglichst reibungsfrei in eine hydraulische Presse eingespannt. Die in der Mitte C des Stabes auftretende größte Durchbiegung f wird gemessen und gleichzeitig die Kraft P, die der Stab auf die Platten der Presse ausübt.

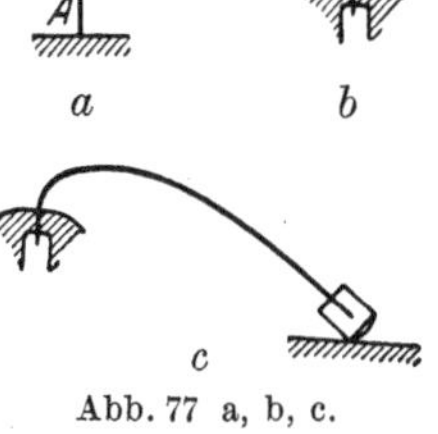

Abb. 77 a, b, c.

Das Ergebnis einiger Knickversuche von **Kármán** ist in den Abb. 79 und 80 in verschiedenem Maßstab dargestellt. Die sich bei dem Versuch ergebende Höchstlast P ist die Knicklast P_k. Man erkennt, daß, wenn P in die Nähe von P_k kommt, fast plötzlich eine sehr starke Formänderung stattfindet, die als Ausknicken des Stabes bezeichnet wird.

Der in Abb. 78 gezeichnete Belastungsfall wird **Grundfall** der Knickung genannt. Alle Formeln dieses Abschnittes beziehen sich auf diesen Fall. Die übrigen Belastungsmöglichkeiten werden durch Einführen der **freien Knicklänge** erfaßt. Nach den Preußischen Bestimmungen vom 25. Februar 1925 wird die freie Knicklänge mit s_k bezeichnet; wir begnügen uns mit der einfacheren Schreibweise s, da sie nicht zu Verwechslungen Anlaß gibt.

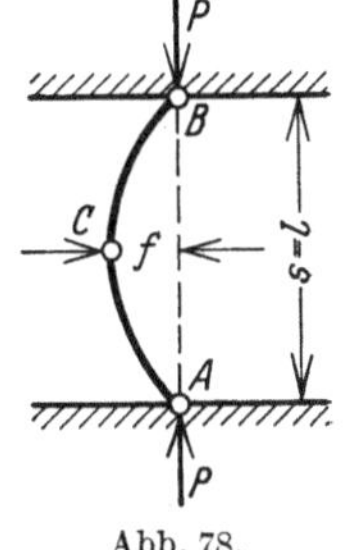

Abb. 78.

Für den Grundfall ist s gleich der Stablänge l. Den Belastungsfall Abb. 77 kann man sich aus dem Grundfall dadurch entstanden denken, daß der Stab Abb. 78 im Punkte C eingespannt wird. Ist daher das eine Stabende fest eingespannt, das andere frei beweglich geführt, so ist die freie Knicklänge s gleich $2\,l$. In der nachstehenden Tabelle 6 ist die freie Knicklänge für die am häufigsten vorkommenden Belastungsfälle angegeben.

Tabelle 6. Beziehung zwischen der freien Knicklänge s und der Stablänge l

	Ein Stabende eingespannt, das andere frei beweglich	**Grundfall** Freie in der Achse geführte Stabenden	Ein Stabende eingespannt, das andere frei in der Achse geführt	Eingespannte, in der Achse geführte Stabenden
Darstellung des Belastungsfalles				
Freie Knicklänge $s =$	$2\,l$	l	$\frac{l}{\sqrt{2}} \approx 0{,}707\,l$	$0{,}5\,l$

Division der Knicklast durch den Querschnitt des Stabes ergibt die Knickspannung $K_k = \frac{P_k}{F}$. Wesentlich für die Behandlung des auf Knicken beanspruchten Stabes ist es, ob die Knickspannung kleiner als die Proportionalitätsspannung σ_{-P} und die Elastizitätsgrenze σ_{-E} (S. 9) ist oder nicht. Der elastische Fall der Knickung liegt vor, wenn K_k kleiner als σ_{-P} ist, unter der Voraussetzung, daß die Elastizitätsgrenze größer als die Proportionalitätsgrenze ist. Ist $K_k > \sigma_{-P}$, so spricht man von dem unelastischen Fall der Knikkung.

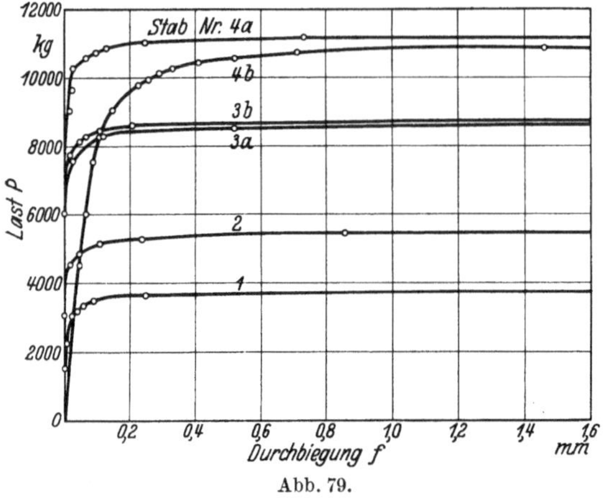

Abb. 79.

B. Elastischer Fall.

Zu Beginn des Knickvorganges herrscht Proportionalität zwischen Spannungen und Dehnungen, und es gilt daher das Hookesche Gesetz $\sigma = E \cdot \varepsilon$ (S. 9). Auf Grund dieser Beziehung, die für den unelastischen Fall nicht zutrifft, ist es möglich, die Knicklast durch eine Formel zu errechnen, die von Euler im Jahre 1744 aufgestellt worden ist; sie lautet (Eulersche Knickformel):

$$P_k = \frac{\pi^2 E J}{s^2}.$$

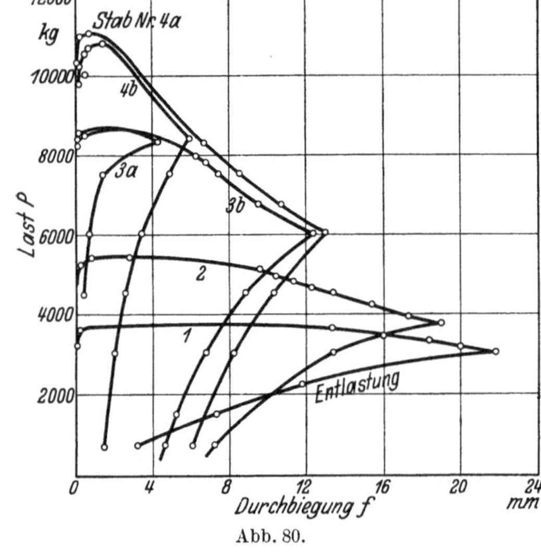

Abb. 80.

Hierin ist

P_k die Knicklast des Stabes in kg;

π^2 das Quadrat der auf S. 6 erwähnten Zahl π; π^2 ist angenähert gleich 9,87;

E der Elastizitätsmodul des Werkstoffes in kg/cm² (S. 9);

J das kleinste Trägheitsmoment des Querschnittes in cm⁴. Der Stab knickt stets um diejenige Achse, die dem kleinsten Trägheitsmoment entspricht; z. B. sind für das Rechteck die Formeln Tabelle 3 Nr. 2, nicht Nr. 1, zu verwenden;

s in cm die freie Knicklänge des Stabes nach Tabelle 6.

Aus der Formel folgt, daß die Knicklast bei Stäben gleicher Abmessungen dem Elastizitätsmaß verhältnisgleich ist. Ein Stab aus Flußstahl mit $E = 2150000$ kg/cm² kann daher eine 21,5mal so große Knicklast tragen wie ein Stab aus Holz mit $E = 100000$ kg/cm².

Die Knicklast ist auch dem kleinsten Trägheitsmoment des Stabes verhältnisgleich. Wir denken uns aus demselben Stoff Stäbe derselben Länge hergestellt, deren Querschnitt $F = 78{,}54$ cm² ist. Diesem Wert entspricht nach Tabelle 1 ein Durchmesser $d = 10$ cm und nach Tabelle 4 ein Trägheitsmoment $J = 490{,}9$ cm⁴. Als Querschnitt werde jetzt ein Rohr gewählt, dessen äußerer Durchmesser mit D und dessen innerer Durchmesser mit d bezeichnet werde (Tabelle 3 Nr. 5).

Für	$d =$	1	2	3	4	5 cm
ist nach Tabelle 5	$J_d =$	0,0	0,8	4,0	12,6	30,7 cm^4
und nach Tabelle 1	$\frac{\pi d^2}{4} =$	0,79	3,14	7,07	12,57	19,64 cm^4.

Der Inhalt des Querschnittes, $\frac{\pi D^2}{4} - \frac{\pi d^2}{4}$, soll wieder gleich 78,54 cm^2 sein. Es ist daher $\frac{\pi D^2}{4} = \frac{\pi d^2}{4} + 78{,}54$, folglich

	$\frac{\pi D^2}{4} =$	79,33	81,68	85,61	91,11	98,18 cm^2
und nach Tabelle 1	$D =$	10,1	10,2	10,4	10,8	11,2 cm,
nach Tabelle 4	$J_D =$	510,8	531,4	574,3	667,8	772,4 cm^4.

Gemäß Tabelle 3 Nr. 4 und 5 ist das Trägheitsmoment des Querschnittes

$$J = \frac{\pi}{64}(D^4 - d^4) = \frac{\pi}{64} D^4 - \frac{\pi}{64} d^4 = J_D - J_d;$$

folglich ergibt sich durch Subtraktion dieser Werte

$$J = 510{,}8 \quad 530{,}6 \quad 570{,}3 \quad 655{,}2 \quad 741{,}7 \text{ cm}^4.$$

Je größer bei gleichem Querschnitt der innere Durchmesser des Rohres ist, um so größer wird J und daher die Knicklast. Am wenigsten trägt der volle kreisförmige Querschnitt, der ein Trägheitsmoment von 490,9 cm^4 hatte.

Denken wir uns schließlich Stäbe aus demselben Stoff und demselben Querschnitt hergestellt, deren Längen sich wie 1 : 2 : 3 verhalten, so zeigt die Eulersche Knickformel, daß der Stab der doppelten Länge nur den 4. Teil, der Stab der dreifachen Länge nur den 9. Teil der Knicklast des kürzesten Stabes trägt.

Man kann der Eulerschen Knickformel: $P_k = \frac{\pi^2 E J}{s^2}$ eine einfachere Gestalt geben. Teilt man beide Seiten der Gleichung durch F, so wird

$$\frac{P_k}{F} = K_k = \frac{\pi^2 E \frac{J}{F}}{s^2}.$$

Der Wert K_k wird als Knickspannung,

$$i = \sqrt{\frac{J}{F}} \text{ in cm}$$

als **Trägheitsradius** des Stabes bezeichnet; es ist $i^2 = \frac{J}{F}$ und daher

$$\frac{P_k}{F} = \frac{\pi^2 E i^2}{s^2} = \frac{\pi^2 E}{\left(\frac{s}{i}\right)^2}.$$

Das Verhältnis $\frac{\text{freie Knicklänge}}{\text{Trägheitsradius}} = \frac{s}{i}$ heißt **Schlankheitsgrad** des Stabes und wird mit λ bezeichnet; es ist daher $K_k = \frac{\pi^2 E}{\lambda^2}$.

Wir wollen die Knickspannung K_k in Abhängigkeit von λ auftragen. Mit $\pi^2 = 9{,}87$ (S. 58) und $E = 2\,100\,000$ kg/cm^2 für Flußstahl wird

$$K_k = \frac{9{,}87 \cdot 2\,100\,000}{\lambda^2} = \frac{20\,730\,000}{\lambda^2},$$

daher für

$\lambda =$	90	100	105	110	120	130	140	150	200
$K_k =$	2559	2073	1879	1713	1439	1226	1057	921	518 kg/cm^2.

In Abb. 81 wurden die Werte K_k in Abhängigkeit von λ aufgetragen. Die entstehende Kurve ist eine Hyperbel dritten Grades und wird als **Euler-Hyperbel** bezeichnet.

Wir hatten betont, daß bei der Ableitung der Formeln von **Euler** das Hookesche Gesetz benutzt wird. Folglich kann die Euler-Hyperbel nur bis zu demjenigen Werte λ_0 gelten, denn die Proportionalitätsspannung σ_{-P} entspricht. Der Grenzwert λ_0 des elastischen Falles ergibt sich daher aus der Bedingung

$$K_k = \sigma_{-P} = \frac{\pi^2 E}{\lambda_0^2}\,; \quad \lambda_0^2 = \frac{\pi^2 E}{\sigma_{-P}} \quad \text{zu} \quad \lambda_0 = \sqrt{\frac{\pi^2 E}{\sigma_{-P}}} = \pi \sqrt{\frac{E}{\sigma_{-P}}}\,.$$

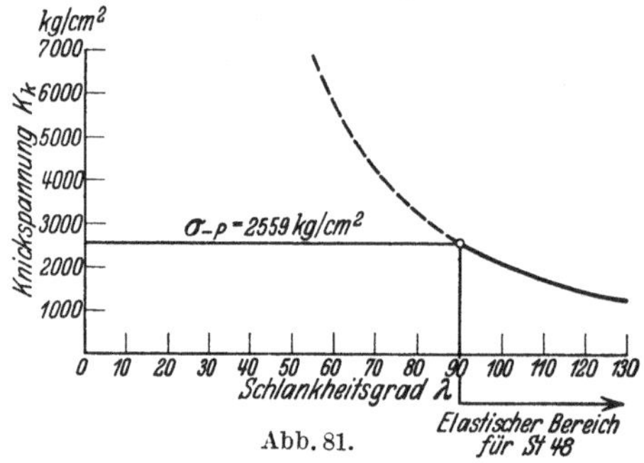

Rechnet man z. B. für St 37 nach Tetmajer mit $E = 2100000$ kg/cm² und $\sigma_{-P} = 1900$ kg/cm², so wird

$$\lambda_0 = \pi \sqrt{\frac{2100000}{1900}} \approx 105\,;$$

für hochwertigen Stahl, etwa St 48, wird mit $\sigma_{-P} = 2560$ kg/cm²

$$\lambda_0 = \pi \sqrt{\frac{2100000}{2560}} \approx 90\,.$$

Die Euler Hyperbel ist daher bei St 48 nur für $\lambda > 90$ gültig; der gestrichelte Teil der Kurve in Abb. 81 ist für Festigkeitsrechnungen nicht zu verwenden.

Abb. 81.

C. Unelastischer Fall.

Da die Voraussetzungen der elementaren Theorie nicht gelten, z. B. das Hookesche Gesetz, sind die theoretischen Betrachtungen recht umständlich, wenn die Knickspannung größer als die Proportionalitätsgrenze ist. Man hat sich daher zunächst begnügt, Versuche auszuführen und die Ergebnisse in möglichst einfacher Form durch eine Gleichung darzustellen. In der Praxis werden die Formeln von Tetmajer[1] am meisten benutzt, die durch zahlreiche Versuche begründet sind. Mit Ausnahme von Gußeisen wird die Knickspannung in Abhängigkeit von λ durch eine Gerade — Tetmajersche Gerade — dargestellt. Die in Tabelle 7 gegebenen Formeln gelten nur im unelastischen Bereich, wenn λ kleiner als der für St 37 und St 48 berechnete Grenzwert λ_0 ist.

Tabelle 7. Knickspannung K_k im unelastischen Bereich nach Tetmajer.

Werkstoff	Schlankheitsgrad $\lambda \leq$	Knickspannung K_k
Nadelholz	100	$293 - 1{,}94\,\lambda$
Graues Gußeisen	80	$7760 - 120\,\lambda + 0{,}53\,\lambda^2$
Schweißstahl	112	$3030 - 12{,}9\,\lambda$
St 37	105	$3100 - 11{,}4\,\lambda$
St 48	90	$3350 - 6{,}2\,\lambda$

Gegen die Tetmajerschen Versuche sind nach Kármán[2] verschiedene Einwendungen zu erheben.

In Abb. 82 ist die von Kármán für den rechteckigen Querschnitt berechnete theoretische Kurve — die Knickspannung hängt im unelastischen Bereich in geringem Maße von der Form des Querschnittes ab — gezeichnet. Gleichzeitig wurden auch die von Kármán ermittelten Versuchswerte eingetragen, welche insbesondere das starke Anwachsen der Knickspannung über die Fließgrenze erkennen lassen.

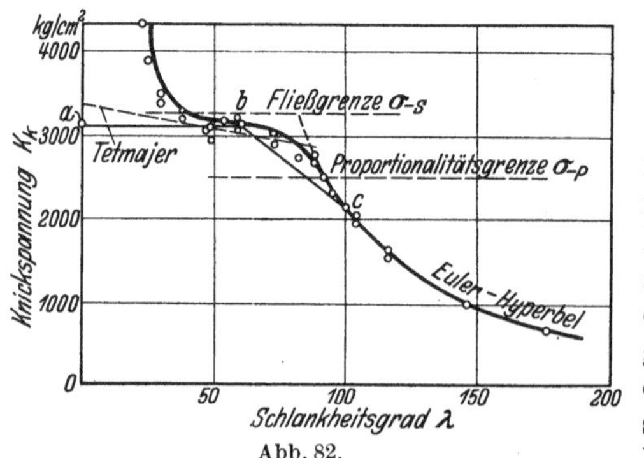

Abb. 82.

[1] Tetmayer: Gesetze der Knickfestigkeit usw. Wien 1903.
[2] Kármán: Untersuchungen über Knickfestigkeit. Forsch.-Arb. Ing.-Wes. Heft 81.

Für Stahl und Eisen wird nach den „Bestimmungen über die bei Hochbauten anzunehmenden Belastungen usw." und in den „Vorschriften für Eisenbauwerke" der Deutschen Reichsbahn vom 25. Februar 1925 die Knickspannung im unelastischen Bereich in besserer Annäherung an die Versuchswerte durch zwei gerade Linien dargestellt. Für $\lambda = 0$ bis $\lambda = 60$ wird die Knickspannung gleich der Fließgrenze gesetzt. (Die Fließgrenze darf ja nach S. 16 nicht überschritten werden.) Für $\lambda = 100$ wird entsprechend der Euler-Hyperbel $K_k = 2073$ kg/cm² gesetzt (S. 59). Zwischen $\lambda = 60$ und $\lambda = 100$ wird die Knickspannung als verbindende Gerade gewählt. Abweichend von den Formeln von Tetmajer bildet $\lambda_0 = 100$ für St 37 und St 48 die Grenze des elastischen und unelastischen Bereiches, so daß für $\lambda > 100$ die Euler-Hyperbel gültig ist.

Demnach ist für St 37 die Knickspannung K_k für $\lambda = 0$ bis $\lambda = 60$ gleich der Fließgrenze $\sigma_{-S} = 2400$ kg/cm². Zwischen $\lambda = 60$ und $\lambda = 100$ ist $K_k = 2890{,}5 - 8{,}175\,\lambda$. Für $\lambda > 100$ ist $K_k = \frac{\pi^2 E}{\lambda^2}$ (S. 59).

Für St 48 ist von $\lambda = 0$ bis $\lambda = 60$ $K_k = \sigma_{-S} = 3120$ kg/cm²; von $\lambda = 60 - \lambda = 100$ ist $K_k = 4690{,}5 - 26{,}175\,\lambda$; für $\lambda > 100$ ist $K_k = \frac{\pi^2 E}{\lambda^2}$ (Abb. 83).

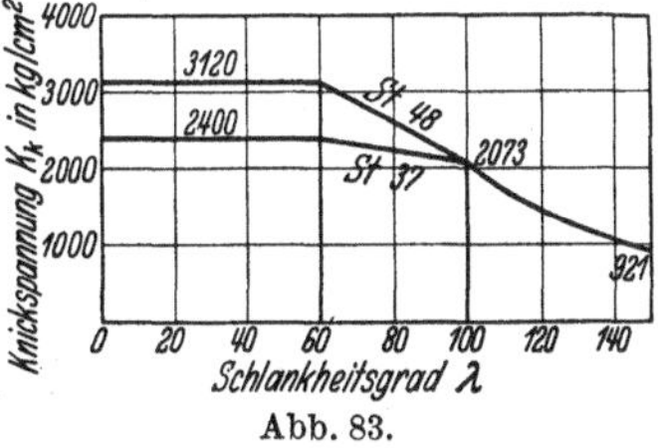

Abb. 83.

In Abb. 82 wurde die Tetmajersche Gerade für St 48 und der Verlauf der Knickspannungen auf Grund der amtlichen Bestimmungen eingetragen. Der gebrochene Linienzug *abc* paßt sich sowohl den Versuchswerten als auch der theoretischen Kurve von Kármán besser an als die Tetmajersche Gerade.

Ein Stab, dessen Schlankheitsgrad kleiner als 60 ist, ist wie ein Druckstab zu berechnen.

D. Die Frage der Sicherheiten.

Die zulässige Tragkraft eines Stabes ist $P = P_k : \mathfrak{S}$, wenn $\mathfrak{S}$ der Sicherheitsgrad gegen Knicken ist. Daher wird für den elastischen Fall nach S. 58

$$P = \frac{\pi^2 E I}{\mathfrak{S}\, s^2};$$

das erforderliche Widerstandsmoment ist daher gemäß $I_{erf} \geqq \frac{P \mathfrak{S} s^2}{\pi^2 E}$ zu ermitteln. Ferner ist $\mathfrak{S} = \frac{P_k}{P} = \frac{K_k \cdot F}{P}$.

Im unelastischen Bereich muß der Querschnitt geschätzt, λ errechnet und hiernach die Knickspannung K_k berechnet werden. Es ist dann zu prüfen, ob der Wert $\frac{K_k \cdot F}{P}$ größer oder gleich $\mathfrak{S}$ ist.

Nach Angaben von Rötscher[1] darf im Maschinenbau — falls nicht konstruktive Rücksichten oder die Herstellung und Bearbeitung größere Querschnitte verlangen — $\mathfrak{S}$ bei kleinen Maschinen zwischen 8 und 10, bei größeren zwischen 6 und 8 gewählt werden. Lokomotiven weisen mit Rücksicht auf die Forderung geringer hin- und hergehender Gewichte Werte bis herab zu 3, selbst 1,75 auf.

Im Hoch- und Kranbau ist nach den amtlichen Bestimmungen entsprechend $\lambda = 0$ bis $\lambda = 100$ $\mathfrak{S}$ zwischen 2 und 4,08 zu wählen; im elastischen Bereich ($\lambda > 100$) ist $\mathfrak{S} = 4{,}08$. Werden Windlast, Wärmewirkung sowie die Bremskräfte von mehr als einem Kran berücksichtigt, so dürfen die Werte 2 und 4,08 auf 1,71 und 3,5 erniedrigt werden.

[1] Rötscher: Maschinenelemente. Berlin: Julius Springer 1929.

1. Beispiel. Eine liegende Dampfmaschine hat einen Zylinderdurchmesser $D = 50$ cm und eine höchste Damfspannung $p = 8$ atü (Überdruck in Atmosphären, d. h. in kg, bezogen auf 1 cm² Fläche). Der Durchmesser d der Kolbenstange aus St 48 ist zu bestimmen, wenn sie eine Länge $l = 1{,}55$ m hat.

Die Kraft, die auf die Kolbenstange wirkt, ist

$$P = \frac{\pi D^2}{4} \cdot p = 1963{,}5 \cdot 8 = 15\,700\,\mathrm{kg}\,.$$

Mit $\mathfrak{S} = 8$ und $E = 2\,200\,000$ kg/cm² wird

$$J_{erf} = \frac{P\,\mathfrak{S}\,l^2}{\pi^2 E} = \frac{15\,700 \cdot 8 \cdot 155^2}{9{,}87 \cdot 2\,200\,000} = 139\,\mathrm{cm}^4\,.$$

Nach Tabelle 4 genügt $d = 7{,}3$ mm mit $J = 139{,}4$ cm⁴. Wir wählen $d = 80$ mm, so daß das vorhandene Trägheitsmoment $J = 201{,}1$ cm⁴ ist.

Wir müssen prüfen, ob λ im elastischen Bereich liegt. Für den Kreis ist $F = \frac{\pi d^2}{4}$ (S. 6), J nach Tabelle 3 Nr. 4, gleich $\frac{\pi d^4}{64}$; folglich

$$i = \sqrt{\frac{J}{F}} = \sqrt{\frac{\pi d^4}{64} : \frac{\pi d^2}{4}} = \sqrt{\frac{\pi d^4 \cdot 4}{64 \cdot \pi d^2}} = \sqrt{\frac{d^2}{16}} = \frac{d}{4}\,.$$

Mit $d = 8$ cm wird $i = 2$ cm und daher $\lambda = \frac{l}{i} = \frac{155}{2} = 77{,}5$; der Wert ist kleiner λ_0 (bei Tetmajer ist $\lambda_0 = 90$, nach den amtlichen Bestimmungen $\lambda_0 = 100$). Daher sind die Formeln anzuwenden, die für den unelastischen Bereich gelten.

Nach Tetmajer ist gemäß Tabelle 7

$$K_k = 3350 - 6{,}2 \cdot \lambda = 3350 - 6{,}2 \cdot 77{,}5 = 3350 - 480 = 2870\ \mathrm{kg/cm^2}$$

und daher

$$\mathfrak{S} = \frac{K_k \cdot F}{P} = \frac{2870 \cdot 50{,}27}{15\,700} = 9{,}2\,,$$

welcher Wert als ausreichend erachtet werden kann, weil $\mathfrak{S}$ bei kleinen Maschinen zwischen 8 und 10 gewählt werden darf (S. 61).

Nach den amtlichen Bestimmungen ist, weil λ zwischen 60 und 100 liegt,

$$K_k = 4690{,}5 - 26{,}175 \cdot 77{,}5 = 4690{,}5 - 2028{,}5 = 2662\ \mathrm{kg/cm^2}$$

und daher

$$\mathfrak{S} = \frac{K_k \cdot F}{P} = \frac{2662 \cdot 50{,}27}{15\,700} = 8{,}45$$

und daher etwas kleiner als nach Tetmajer, aber immerhin noch ausreichend.

2. Beispiel. Eine Stütze von $l = 4$ m Länge ist durch eine Kraft $P = 10\,000$ kg belastet; der Querschnitt besteht nach Abb. 84 aus zwei [-Eisen. $\mathfrak{S}$ ist nach S. 61 entsprechend $\lambda = 0$ bis $\lambda = 100$ zwischen 1,71 und 3,5, für $\lambda > 100$ gleich 3,5 zu wählen.

Mit $\mathfrak{S} = 3{,}5$ und $E = 2\,100\,000$ kg/cm² wird nach Euler

$$J_{erf} = \frac{P\,\mathfrak{S}\,l^2}{\pi^2 E} = \frac{10\,000 \cdot 3{,}5 \cdot 400^2}{9{,}87 \cdot 2\,100\,000} = 270\,\mathrm{cm}^4\,,$$

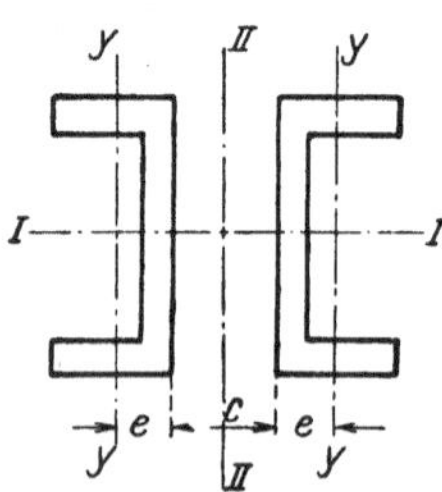

Abb. 84.

daher muß für jedes [-Eisen

$$J_I = \frac{270}{2} = 135\,\mathrm{cm}^4$$

sein. Nach DIN 1026 wählen wir als Profil [10 mit $J_x = 206$ cm⁴ und $i_x = 3{,}91$ cm. Es wird

$$\lambda = \frac{l}{i} = \frac{400}{3{,}91} = 102\,.$$

Da dieser Wert größer als 100 ist, so ist nach den amtlichen Bestimmungen eine weitere Rechnung nicht erforderlich.

In die Euler-Formel ist nach S. 58 für J stets das kleinste Trägheitsmoment einzusetzen. Soll das gewählte Profil ausreichen, so müssen die [-Eisen um einen solchen Betrag c nach Abb. 84 auseinander gesetzt werden, daß das Trägheitsmoment J_{II}, bezogen auf die senkrechte Symmetrieachse II, mindestens gleich $J_I = 2 \cdot J_x = 412$ cm⁴ wird.

Nun ist aber nach S. 28, wenn der Schwerpunkt jedes [-Eisen von der Kante die waagerechte Entfernung e hat (Abb. 84)

$$J_{II} = 2\left[J_y + F\left(\frac{c}{2} + e\right)^2\right] = 2\,J_y + 2\,F\left(\frac{c}{2} + e\right)^2$$

und daher:

$$\left(\frac{c}{2}+e\right)^2=\frac{J_{II}-2J_y}{2F}.$$

Mit $J_{II}=J_I=2\cdot Jx$ folgt

$$\left(\frac{c}{2}+e\right)^2=\frac{2J_x-2J_y}{2F}=\frac{J_x-J_y}{F}.$$

Nach DIN 1026 ist für das gewählte Profil [10

$$\left(\frac{c}{2}+1{,}55\right)^2=\frac{206-29{,}3}{13{,}5}=13{,}05\,; \qquad \frac{c}{2}+1{,}55=\sqrt{13{,}05}=3{,}61\,;$$

$$\frac{c}{2}=3{,}61-1{,}55=2{,}06 \qquad \text{und daher} \qquad c=4{,}12\,\text{cm}\,.$$

Die Entfernung zwischen den [-Eisen muß daher mindestens 42 mm betragen.

Es ist noch zu prüfen, ob die [-Eisen ohne Querverbindung einfach nebeneinander gestellt werden dürfen. In diesem Falle liegt die Gefahr vor, daß jedes [-Eisen für sich ausknicken kann. Die Belastung ist $P'=\frac{P}{2}=5000$ kg, für J ist, weil das Ausknicken um die in Abb. 84 gezeichnete Schwerachse y erfolgen würde, $J_y=29{,}3$ cm^4 einzusetzen; J_y ist tatsächlich kleiner als $J_x=206$ cm^4.

Nehmen wir zunächst an, daß λ im elastischen Bereich liegt, so wird, wenn die freie Knicklänge mit s bezeichnet wird, nach Euler

$$P'=\frac{\pi^2 E J_x}{\mathfrak{S}\, s^2}$$

und daher mit $\mathfrak{S}=3{,}5$

$$s^2=\frac{\pi^2\cdot E\cdot J_x}{\mathfrak{S}\cdot P'}=\frac{9{,}87\cdot 2\,100\,000\cdot 29{,}3}{3{,}5\cdot 5000}=35\,000\,\text{cm}^2,$$

$s=187{,}1$ cm. Da dieser Wert kleiner als $l=4$ m ist, so muß entweder ein größeres Profil gewählt werden oder es müssen die beiden [-Eisen durch Winkeleisen miteinander verbunden werden. Es wird zweckmäßiger sein, dieses zu tun. Es sind mindestens sechs Querverbindungen nach Abb. 85 erforderlich, da die freie Knicklänge $a=\frac{l}{3}=\frac{400}{3}=133{,}3$ cm kleiner als $s=187{,}1$ cm sein muß.

Wir müssen nun noch nachprüfen, ob λ im elastischen Bereich liegt. Es ist nach DIN 1026

$$i_y=\sqrt{\frac{J_y}{F}}=1{,}47\,\text{cm} \qquad \text{und daher} \qquad \lambda=\frac{a}{i}=\frac{133{,}3}{1{,}47}=90{,}5\,.$$

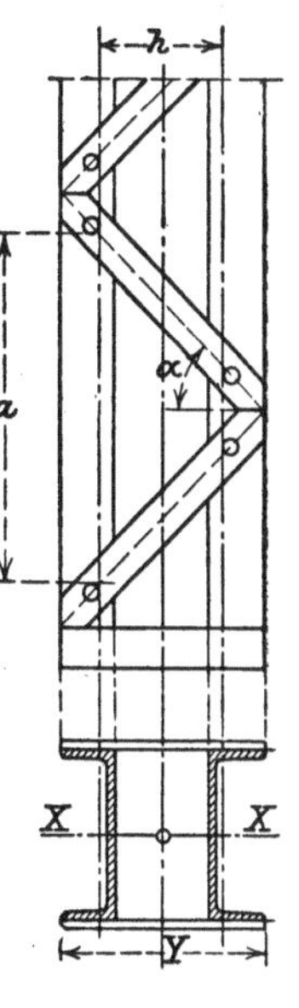

Abb. 85.

Dieser Wert liegt nicht im elastischen Bereich. Nach den amtlichen Bestimmungen ist die Knickspannung $K_k=4690{,}5-26{,}175\cdot 90{,}5=4690{,}5-2368{,}3\approx 2322$ kg/cm^2 und daher

$$\mathfrak{S}=\frac{K_k\cdot F}{P'}=\frac{2322\cdot 13{,}5}{5000}=6{,}3\,;$$

die gewählten Querverbindungen sind daher ausreichend.

Druckfehlerberichtigung.

Seite 13 in Tabelle 2, dritte Spalte: lies Bruchfestigkeit statt Druckfestigkeit.
Seite 14, 3. Zeile von oben: lies größer statt kleiner.
Seite 15, 24. Zeile von oben: lies St 50. 11 statt Stab 50. 11.

Seite 18, Abb. 23 ist durch die nachstehende Abb. zu ersetzen:

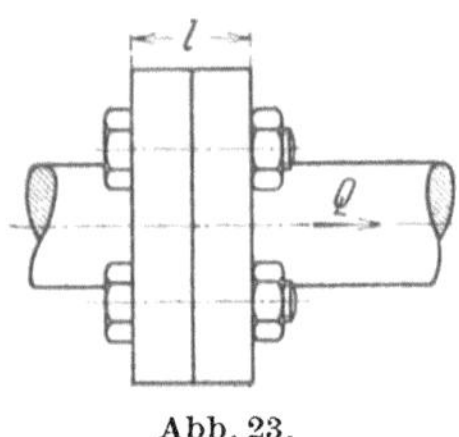

Abb. 23.